전자통신 계측실무

김일진 · 한상도 · 박기배 공저

진샘미디어
JINSAEM

Preface

측정(測定)은 일정한 기준을 가지고 어떤 대상의 크기를 수치화하는 것으로, 측정의 단위로 비교한다. 측정은 주로 자나 저울 같은 측정 장비를 통하여 이루어지며, 이들 장비에는 도량형의 기준과 비교하도록 눈금이 매겨져 있다. 정확한 측정이 필요한 과학에서는 측정값을 측정값과 오차범위, 신뢰도를 사용하여 표현한다.

현대의 우주산업과 문명이 빠른 속도로 발전하면서 각종 통신과 시스템들이 대형화되고 고도화됨에 따라 전기적 신호에 대한 정밀 계측(計測)의 필요성은 더욱 높아지고 있으며, 특히 우주 통신과 같은 미래산업분야에서 정밀 측정분야는 기반기술로서 더 큰 역할을 맡게 될 것이다.

이 책은 전자공학, 통신공학, 전기공학, 제어계측공학 혹은 이들과 유사한 전공을 다루는 학생들을 대상으로, 장비를 직접 다루어가며 한 학기 동안 공부할 수 있도록 구성되었다. 즉, 이론위주가 아닌 실무적으로 장비의 조작순서를 따라해 볼 수 있도록 설명하여 제시된 장비기술을 바로 습득할 수 있도록 저술하였다. 그리고 11장과 12장은 계측의 기본적 이론(공식) 정리와 계측용어를 첨부하여 장비기술을 습득하는데 도움이 되도록 구성하였다.

끝으로, 이 책을 만드는 과정에서 많은 지원을 해주신 (주)테스트링크의 김문백 사장님께 감사드리고 퇴고작업에 도움을 준 대덕대학교 해양기술과 최진홍 군에게 고마운 마음을 전한다. 또한 늘 가까이서 공동저자로서 도서집필에 조언을 아끼지 않으셨던 한국에너지기술연구원의 한상도 박사님과 박기배 박사님께 감사한 마음을 전한다.

이 책을 통해 공학을 사랑하는 많은 신세대 학생들과 현장 엔지니어들이 전자통신 계측장비를 쉽고 재미있게 익히고, 이를 활용함으로써 본인의 전공분야를 더욱 발전시키는 미래의 주역으로 성장하게 되기를 바란다.

2011년 3월
김 일 진

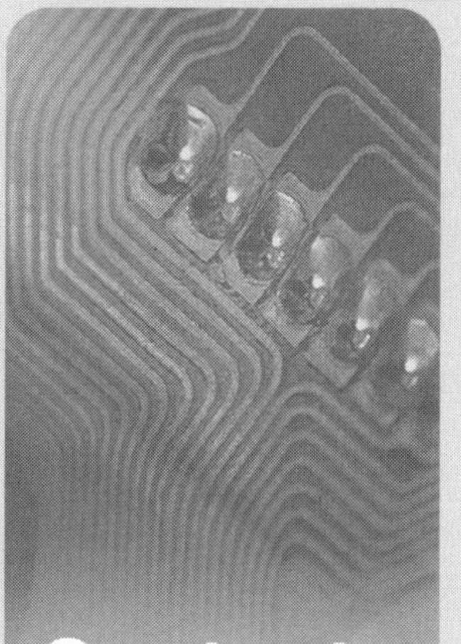

Contents

Chapter 01

측정 일반

제1절 측 정

학습목표

1 측정(기)이 무엇인지를 정의할 수 있다.

2 측정의 종류와 방법에 대해 습득한다.

1. 개 요

어떤 양이나 변수의 크기를 그것과 같은 종류의 기준 양과 비교하여, 크기를 수량적으로 나타내는 것을 말하며, 측정에 사용되는 장치를 측정기, 계측기 또는 계기라고 한다.

2. 측정의 종류

1) 직접 측정(비교 측정)

측정하고자 하는 양을 같은 종류의 기준양과 직접 비교하여 그 양의 크기를 결정하는 방법

예 자로 길이 재기, 전압계로 전압 측정하기, 전류계로 전류 측정하기

2) 간접 측정(절대 측정)

측정하고자 하는 양과 일정한 관계가 있는 다른 종류의 양을 각각 직접 측정으로 구하여, 그 결과로부터 계산에 의해 측정량의 값을 결정하는 방법

예 부하전력 측정하는 경우, 부하에 흐르는 전류(I)와 부하의 양단전압(V)를 측정하여 부하 전력 P=VI[W]의 식으로부터 계산하여 전력을 구한다.

3) 편위법과 영위법

〈표 1〉 편위법과 영위법의 비교

	편위법	영위법
정 의	측정량의 크기에 따라 지침 등을 편위시켜 측정량을 구하는 방법	어느 측정량을 그것과 같은 종류의 기준양과 비교하여 측정량과 똑같이 되도록 기준양을 조정한 후 기준양의 크기로부터 측정량을 구하는 방법
기 기	전압계 및 전류계	휘트스톤 브리지 및 전위차계
특 징	감도는 떨어지지만 취급이 쉬우며, 신속하게 측정할 수 있으므로 공업용으로 많이 사용	감도가 높고, 정밀한 측정에 적합

제2절 전기 단위와 차원

학습목표

1 전기 단위계의 차이를 설명할 수 있다.

2 차원과 차원식을 구분하고 설명할 수 있다.

1. 단 위

물리적 양을 수량적으로 표시하려면 측정하려는 양과 종류가 같은 어떤 비교 기준이 되는 양이 필요한데, 이 비교 기준을 단위라 부른다.

① 기본단위 : 길이, 질량 및 시간.

② 유도단위 : 기본단위로부터 이론적으로 유도된 단위. 예 면적

③ CGS 단위계 : 길이, 질량 및 시간을 각각 [cm], [g] 및 [s]로 하는 단위계

④ MKS 단위계 : 길이, 질량 및 시간을 각각 [m], [kg] 및 [s]로 하는 단위계

〈표 2〉 MKS 단위의 예

양	단위명	기호	양	단위명	기호
길이	미터	m	전력	와트	W
질량	킬로그램	kg	전기량	쿨롬	C
시간	초	s	저항	옴	Ω
힘	뉴턴	N	정전 용량	패럿	F
일	줄	J	인덕턴스	헨리	H
전류	암페어	A	자기량	웨버	Wb
전압	볼트	V	기자력	암페어 회수	AT

2. 차 원

① 차 원 : 유도 단위 속에 기본 단위가 어떻게 포함되어있는가를 기호로서 나타낸 것

② 차원식 : 어떤 양의 단위가 기본 단위로부터 어떤 관계에 의하여 유도되었는지를 나타내는 관계식

예 길이, 질량 및 시간에 대한 차원 기호는 각각 [L], [M] 및 [T]로 나타냄. 면적의 차원기호 $[L^2]$, 전류, 전압 및 저항의 차원 기호는 각각 [I], [V] 및 [R]로 나타냄. 속도의 차원식 [v] = [L]/[T] = $[LT^{-1}]$

제3절 전기 표준기

학습목표

1 전기 국제단위에 대해 설명할 수 있다.

2 전기 표준기를 설명할 수 있다.

1. 전기의 국제 단위

전기의 단위나 표준기에 관한 문제는 국제 도량형국 산하에 있는 국제전기표준회의(IEC)에서 다루어진다.

① 전기의 국제 단위 : MKS(A) 단위계를 국제 단위계(SI)로 채택

② MKS(A) 단위계 : MKS 기본 단위에 기본 단위로서 전류의 단위 암페어(A)를 추가한 것이다.

③ 1 암페어(A) : 단면적이 무한히 작은 원형 단면적을 가진, 길이가 무한히 긴 두 평행 직선 도체가 진공 중에 1[m]의 간격으로 놓여 있을 때, 이 도체에 같은 세기의 전류를 흘릴 경우, 도체의 길이 1[m]당 2×10^{-7}[N]의 힘이 미칠 때, 이 전류를 1 암페어(A)로 정의

④ 1 볼트(V) : 1[A]의 전류가 흐르는 도체의 두 점 사이에서 소비되는 전력이 1[W]일 때, 그 두 점 사이의 전압

⑤ 1 옴(Ω) : 도체에 1[V]의 전압을 가할 경우, 도체에 흐르는 전류가 1[A]일 때의 도체의 저항

2. 전기 표준기

가장 기본적인 표준기 : 표준 저항기, 표준 전지

1) 표준 저항기

① **표준 저항기** : 다른 저항기의 비교 기준을 위한 표준기로서 또는 전위차계법에 사용되는 경우 전류를 흘려주는 표준기로서 사용됨

② **표준 저항기의 조건**

- 저항 재료로서는 저항값이 안정하고,
- 온도 계수가 작으며,
- 구리에 대한 열기전력이 작을 뿐만 아니라,
- 고유 저항이 큰 것이 필요

③ **표준 저항기의 저항선** : 구리, 망간, 니켈의 합금으로 되어 있는 망가닌 선이 가장 많이 사용됨

④ **표준 저항기의 저항값** : 1[kΩ], 1[Ω], 0.1[Ω] 등

2) 표준 전지

기전력의 값이 안정하고 온도 계수가 작은 전지로서 전압의 표준으로 널리 사용. 현재 주로 사용되는 것은 중성 포화형 카드뮴 전지로, 이것을 웨스톤 표준전지라고 한다.

제4절 오차와 정도

학습목표

1. 오차를 정의할 수 있다.
2. 오차의 종류를 설명할 수 있다.
3. 정도와 감도를 정의할 수 있다.

1. 오차의 정의

〈표 3〉 오차와 보정의 비교

	오차	보정
정의	측정값과 참값이 어느 정도 다른가를 나타낸 것	측정값을 참값과 같게 하려면 얼마나 보정해야 하는가를 나타낸 것
오차 및 보정	측정값 M, 참값 T라 하면 오차 : $\varepsilon = M - T$	보정 : $\alpha = T - M$
오차율 및 보정율	오차율$=\varepsilon / T$	보정율$=\alpha / M$
배분율 오차 및 보정	백분율 오차 = $\frac{\varepsilon}{T} \times 100[\%] = \frac{M-T}{T} \times 100[\%]$	백분율 보정 = $\frac{\alpha}{M} \times 100[\%] = \frac{T-M}{M} \times 100[\%]$
특징	측정에는 오차가 따르게 마련이다. 보정값 α와 오차 ε는 크기는 같고 부호는 반대가 된다.	

2. 오차의 종류

1) 측정법이나 측정하는 방법으로 인한 오차

① **개인 오차** : 측정의 부주의에 의하여 발생하는 것으로써 측정기의 눈금을 잘못 읽거나, 부정확한 조정, 부적당한 적용 및 계산의 실수 등에 의하여 발생하는 오차

② **계통 오차** : 측정기 자체가 결함인 눈금의 부정확, 부품의 마모 등에 인한 것과 측정 장치나 사용자에 대한 환경의 영향, 즉 온도, 외부 자기장, 진동 등에 의한 오차

③ **우연 오차** : 개인 오차나 계통 오차를 제거하여도 오차는 발생하는데 이러한 원인으로는 미세한 측정 조건의 변동, 측정자의 주의력의 동요 등에 의한 오차

2) 계기로 인한 오차

① 눈금의 부정확에 의한 오차

② 베어링에 의한 오차

③ 스프링의 피로에 의한 오차

④ 자기 가열에 의한 오차

⑤ 외부 자기장에 의한 오차

⑥ 정전계에 의한 오차

⑦ 온도 변화에 의한 오차

3) 확도와 정도

① **확도** : 측정값이 참값과 어느 정도 일치하는가 하는 정도를 나타내는 값

② **정도** : 측정기로 미지량을 측정하는 경우에 어느 정도 미세하게 측정할 수 있느냐를 나타내는 것

4) 감 도

측정기의 지시로 나타낼 수 있는 최소의 측정량

확인문제(이론)

A 다음 문제를 보고 명칭과 단위가 알맞은 것끼리 연결하세요. (1~4)

1. 저항 •	• 볼트[V]
2. 전압 •	• 와트[W]
3. 전류 •	• 옴[Ω]
4. 전력 •	• 암페어[A]

B 다음 문제를 보고 10진 접두어와 양이 알맞은 것끼리 연결하세요. (5~8)

5. 밀리(m) •	• 10^6(1,000,000)
6. 킬로(k) •	• $10^{-3}(\frac{1}{1,000})$
7. 메가(M) •	• 10^9(1,000,000,000)
8. 기가(G) •	• 10^3(1,000)

C 다음 문제를 보고 명칭과 기호가 알맞은 것끼리 연결하세요. (9~10)

9. 저항 • • 

10. 전압 • • 

D 오차의 종류에 대해 나열하고 정의하시오.

E 확도, 정도 그리고 감도에 대해 정의하시오.

memo

전원공급기

(직류 Power Supply)

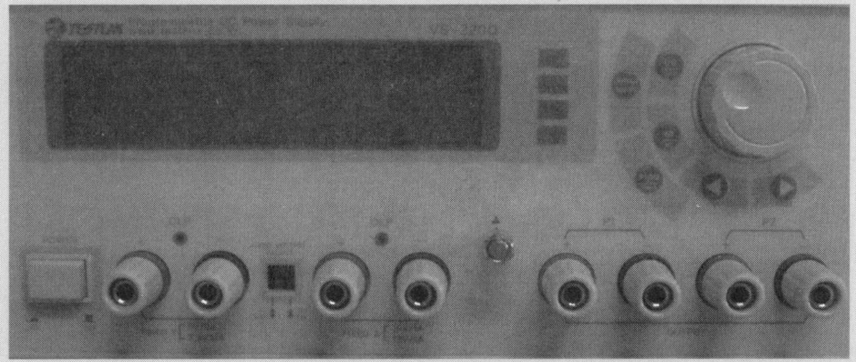

Chapter 02

전원공급기 앞/뒤면 판넬 익히기

제1절 앞면 구성과 작동

학습목표

1. 전원공급기를 실물을 통해 익힐 수 있다.
2. 전원공급기의 앞면의 판넬의 기능을 알 수 있다.
3. 전원공급기의 뒷면 구성과 연결에 대해서 알 수 있다.

1. 전원공급기의 앞면 판넬구성

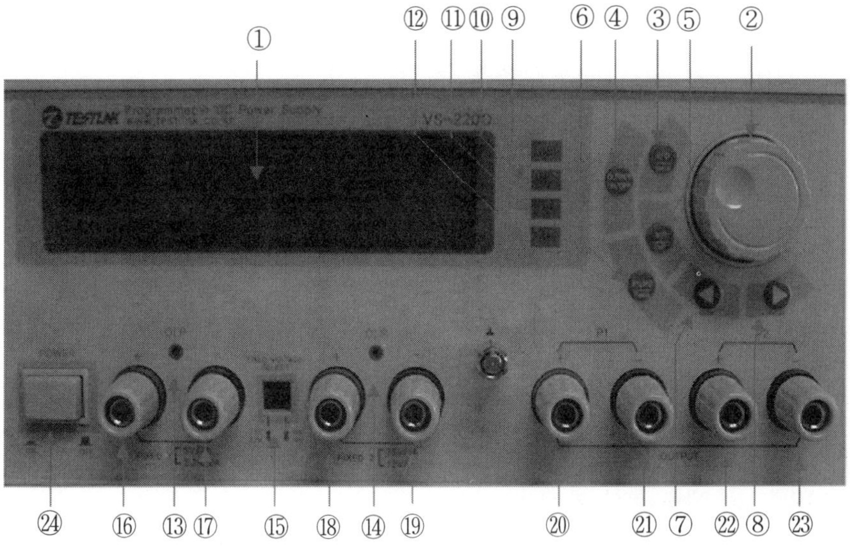

[그림 1] 전원공급기 앞면 판넬 구성

① LCD(전압 전류 및 메시지 표시 모듈)

P1, P2채널의 전압/전류, 각종 메뉴 및 메시지를 표시합니다.

② 전압/전류/수치적 변경 엔코더 스위치

전압/전류의 Limit 설정치를 변경 하거나 메뉴기능 진입시 수치적 변경을 할 때 사용합니다.

③ I/O 또는 LOCAL 키

Remote Interf교류e 설정키로써 RS232C의 Baud-rate를 설정할 수 있으며, RS485일 경우 Baud-rate 및 Address를 변경할 수 있습니다. Remote Interf교류e 상태라면 제어권을 장치로 전환하기 위한 LOCAL키로 동작합니다.

④ 출력전압 & 전류 온 · 오프

출력단자로부터 출력되는 전압/전류를 출력 또는 차단 할 수 있습니다.

⑤ 전압/전류 선택 또는 Limit 표시 키

Limit 표시상태에서 전압 또는 전류를 선택하는 키로 동작합니다. Read b교류k 전압 또는 전류 표시 상태에서는 Limit 표시 키로 동작 합니다.

⑥ 출력 SELECT 또는 TR교류KING 키

P1 또는 P2의 제어권을 선택하는 키로써 한번씩 누를 때 마다 P1, P2를 번갈아가며 선택됩니다. 키를 약 1초간 누르고 있으면 P1, P2채널을 TR교류KING 모드로 전환할 수 있습니다.

⑦ 전압/전류 Cursor 또는 메뉴변경 키

전압/전류의 Limit 설정을 변경할 경우 왼쪽 방향으로 이동할 수 있는 커서키로 동작하며, Menu 진입시 Menu의 변경에 사용할 수 있습니다.

""""**출력 OFF**"""" 모드일 때 Store키로 동작합니다.

⑧ 전압/전류 Cursor 또는 메뉴변경 키

전압/전류의 Limit설정을 변경할 경우 오른쪽 방향으로 이동할 수 있는 커서키로 동작하며, Menu 진입시 Menu의 변경에 사용할 수 있습니다.

""""**출력 OFF**"""" 모드일 때 Recall키로 동작합니다.

⑨ P1채널의 고정 전류 모드 지시 램프

P1채널의 정전류 모드로 진입할 경우 램프가 점등됩니다.

램프가 소등된 상태일 때는 CV상태입니다.

⑩ P2채널의 고정 전류 모드 지시 램프

P1채널의 정전류 모드로 진입할 경우 램프가 점등됩니다. 램프가 소등된 상태일 때는 CV 상태입니다.

⑪ P1, P2채널 TR교류KING 모드 지시 램프

P1채널과 P2채널이 TR교류KING모드로 동작중일 때 램프가 점등됩니다.

⑫ Remote Interf교류e 모드 지시 램프

컴퓨터 Interf교류e 또는 Remote Interf교류e로 제어권이 넘어갈 때 램프가 점등됩니다. 이 상태에서는 앞면 판넬에서 제어되지 않습니다.

⑬ 고정된 1의 Over Load 보호 램프

고정된 1(5V/2A & 3.3V/2A) + 출력단자

고정된 1 출력의 Over Load 보호 상태로 전환되었을때 램프가 점등됩니다.

⑭ 고정된 2의 Over Load 보호 램프 고정된 2(15V/1A & 12V/1A)

출력단자고정된 2 출력의 Over Load 보호상태로 전환되었을 때 램프가 점등됩니다.

⑮ 고정된 1과 고정된 2의 전압 선택 스위치

고정된 1의 5V/2A 및 3.3V/2A, 고정된 2의 15V/1A 및 12V/1A를 선택하여 사용할 수 있습니다.

⑯ 고정된 1(5V/2A & 3.3V/2A) + 출력단자

5V/2A 또는 3.2V/2A 고정된 출력의 +출력단자입니다.

⑰ 고정된 1(5V/2A & 3.3V/2A) − 출력단자

5V 2A 또는 3.2V/2A 고정된 출력의 −출력단자입니다.

⑱ 고정된 2(15V/1A & 12V/1A) + 출력단자

15V/1A 또는 12V/1A 고정된 출력의 +출력단자입니다.

⑲ 고정된 2(15V/1A & 12V/1A) − 출력단자

15V/1A 또는 12V/1A 고정된 출력의 −출력단자입니다.

⑳ 가변채널 P1의 + 출력단자

가변이 가능한 P1채널의 +출력단자입니다.

㉑ 가변채널 P1의 − 출력단자

가변이 가능한 P1채널의 −출력단자입니다.

㉒ 가변채널 P2의 + 출력단자

가변이 가능한 P2채널의 +출력단자입니다.

㉓ 가변채널 P1의 − 출력단자

가변이 가능한 P2채널의 −출력단자입니다.

㉔ 메인전원 ON/OFF 스위치

메인전원을 제품으로 인가 또는 차단시키는 스위치입니다.

제2절 뒤면 판넬 구성

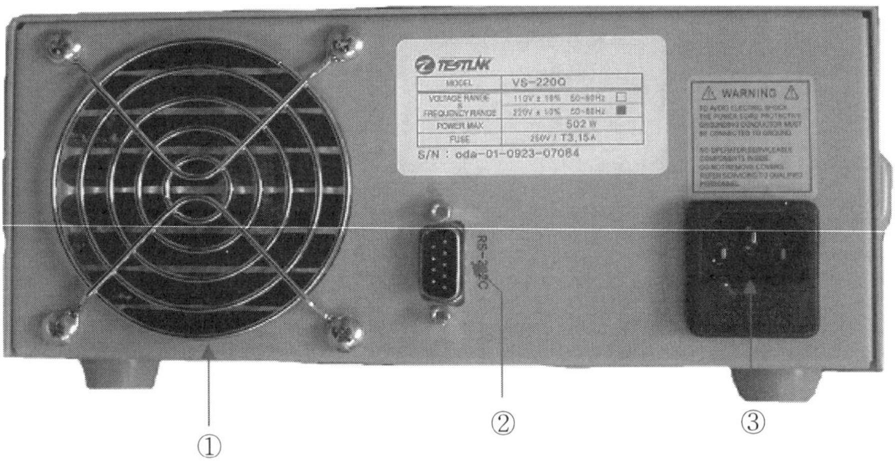

[그림 2] 전원공급기 뒤면 판넬 구성

① 환기 휀

② RS-232C 통신단자

③ 전원

memo

Chapter 03

전원공급기 주요 동작

학습목표

1. 실제작동을 통해 전원공급기의 동작을 익힐 수 있다.
2. 전원공급기의 전압출력 기능을 알 수 있다.
3. 전원공급기의 전류출력 기능을 알 수 있다.
4. 전원공급기의 통신설정 기능을 알 수 있다.

제1절 앞면 판넬 동작

각 기능에 대한 메뉴진입 후 Local 모드로 빠져나오기 위해서는 약 3초 동안 대기하면 자동으로 Local 모드로 전환됩니다. 메뉴의 선택 및 확인 키는 메뉴에 진입한 키가 '확인' 키로 디자인되어 있으므로 조작하기에 쉬운 편리성을 제공합니다.

1. 고정 전압 동작(CV)

정전압 출력모드에 관한 동작을 설명합니다.

2. 고정 전류 동작(CC)

정전류 출력모드에 관한 동작을 설명합니다.

3. I/O 및 LOCAL

Remote Interf교류e 설정 및 Local 모드로 전환에 관한 설명입니다.

4. STORE

『사용자 메모리』 저장 및 교정에 관한 설명입니다.

5. RECALL

『사용자메모리』에 저장된 내용을 전원 공급기에 적용하는 방법 및 초기화 옵션설정에 관한 설명입니다.

6. 출력 ON/OFF

출력전압을 차단 및 출력허용 상태에 관한 설명입니다.

7. P1/P2 Select 및 TR교류KING

출력 채널의 제어권을 선택하는 방법에 대한 설명입니다.

8. V/I 및 LMT 표시

전압 전류 선택 또는 Limit 표시에 관한 설명입니다.

제2절 고정 전압동작(CV)

1. 고정 전압 동작(CV)

P1 출력포트에 대한 정전압 출력모드에 대한 설명이며 조작 순서는 아래 표와 같습니다.

〈표 4〉 고정 전압 동작(CV)

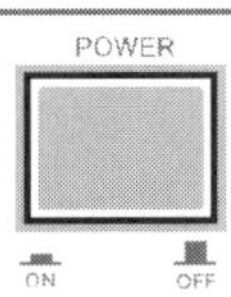	• 파워 스위치 ON 전원을 인가한 후 ""**출력 OFF**"" 모드가 되었는지 확인합니다. • 부하를 출력단자에 연결 합니다.
	• Limit 설정을 하기위해 LMT 키를 누릅니다.
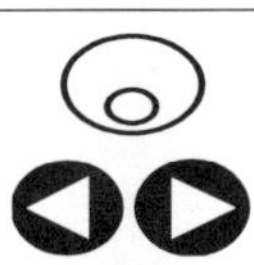	• 초기에는 전압 선택이므로 커서 및 엔코더 스위치를 가변시켜 전압 설정 합니다.
	• V/I 키를 한번 더 눌러 전류 쪽으로 커서를 위치시킵니다.
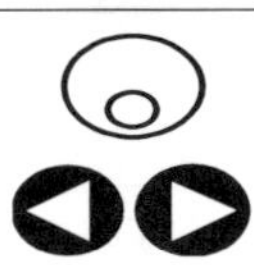	• 커서 및 엔코더 스위치를 가변시켜 전류 설정 합니다.
	• 모든 설정이 끝났으면 출력 ON/OFF 키를 눌러 출력 허용 상태로 전환합니다. 약 2.5초 정도 아무런 작업을 하지 않으면 Limit 표시상태에서 ReadB교류k 표시상태로 전환 됩니다.
	• CC1 램프가 소등된 상태가 맞는지 확인합니다. 만약, 점등된 상태이거나 점멸상태라면 부하에 공급하는 전류가 충분치 않은지 확인 후 전류 Limit 값을 높혀 줍니다.

참 고

Cursor키를 이용하여 전압 및 전류의 증가 또는 감소시키고자 하는 단위를 선택할 수 있습니다.
ReadB교류k 표시란 출력되고 있는 전압과 전류를 표시하는 상태를 말합니다.

2. 고정 전류 동작(CC)

P1 출력포트에 대한 정전류 출력모드에 대한 설명이며 조작 순서 예제는 아래와 같습니다.

〈표 5〉 고정 전류 동작(CC)

	• 파워스위치 ON 전원을 인가한 후 **출력 OFF**모드가 되었는지 확인합니다. • 부하를 출력단자에 연결합니다.
	• Limit 설정을 하기위해 LMT 표시 키를 누릅니다.
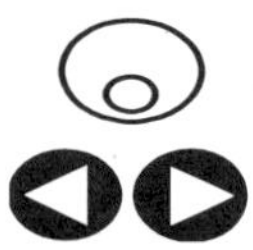	• 초기에는 전압 선택이므로 커서 및 엔코더 스위치를 가변시켜 전압 설정합니다.
	• V/I 키를 한번 더 눌러 전류쪽으로 커서를 위치 시킵니다
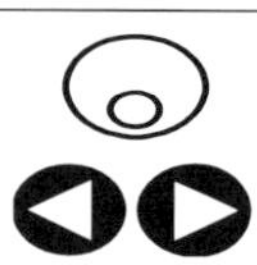	• 커서 및 엔코더 스위치를 가변시켜 전류 설정 합니다.
	• 모든 설정이 끝났으면 출력 ON/OFF 키를 눌러 출력 허용 상태로 전환합니다. 약 3초 정도 아무런 작업을 하지 않으면 Limit 표시 상태에서 ReadB교류k 표시상태로 전환 됩니다.
	• CC1램프가 점등된 상태가 맞는지 확인합니다. 만약, 소등된 상태이거나 점멸상태라면 부하에 공급하는 전압이 충분치 않은지 확인 후 전압 Limit값을 높혀줍니다.

제3절 RS232C 통신설정

1. RS232C 통신설정 방법

〈표 6〉 RS232C 통신설정 방법설정

	• 파워 스위치 ON 전원을 인가한 후 ""**출력 OFF**"" 모드가 되었는지 확인합니다.
	• RS232C를 설정하기 위해 I/O 키를 누릅니다. LCD 표시 내용 1행 baud -rate 2행 3 : 9600bps(이전설정 상태에 따라 다를 수 있습니다)
	• 좌우 커서키를 누르면 Baud Rate값을 변경할 수 있습니다. • Baud rate는 1200bps, 2400bps, 9600bps, 19200bps로 구성되어 있으며 컴퓨터 Interf교류e의 Baud rate와 일치해야 합니다. 예로 19200bps를 선택하기 위해 오른쪽 커서키를 한번 누릅니다. LCD 표시 내용 1행 baud rate 2행 4 : 19200bps
	• 설정을 완료하기 위해 I/O 키를 누릅니다. LCD 표시 내용 1행 baud rate 2행 done Baud rate는 19200으로 설정 되었으며 전원을 ON/OFF하여도 설정상태를 유지합니다.

참 고

bps란 Bit Per Second의 약자로 초당 1bit를 초당 전송할 수 있는 단위입니다.

제4절 출력 온 · 오프

출력단자로부터 소스원을 공급 또는 차단하는 기능으로써 전압 및 전류는 0V 그리고 50mA를 출력하게 됩니다. 따라서 부하원을 제거하지 않고도 전원차단 효과를 볼 수 있습니다. 아래는 동작 방법에 관한 설명입니다. 고정된 출력(5V/2A, 15V/1A)은 적용되지 않습니다.

〈표 7〉 출력 온 · 오프

	• 파워 스위치 ON 전원을 인가한 후 **출력 OFF** 모드가 되었는지 확인합니다.
	• 기본 출력차단 상태입니다. 출력을 허용하기위해 출력 ON/OFF 키를 한번 누릅니다.
	• 다시 차단하기위해 출력 ON/OFF 키를 한 번 더 누릅니다.

확인문제(이론)

A 전원공급기를 정의하시오.

B 전원공급기를 사용하여 다음에 해당하는 전원을 만들어보시오.

1. 전압 15[V] / 전류 1[A]
2. 전압 30[V] / 전류 1[A]
3. 전압 5[V] / 전류 1.2[A]
4. 전압 5[V] / 전류 1.5[A]

memo

멀티미터
(Digital Multimeter)

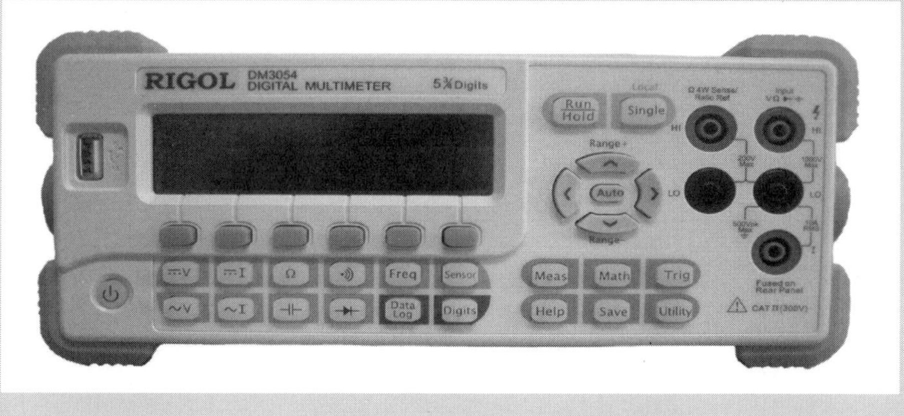

Chapter 04

멀티미터 앞/뒤면 판넬 익히기

학습목표

1 멀티미터를 실물을 통해 익힐 수 있다.
2 멀티미터의 앞면의 판넬의 기능을 알 수 있다.
3 멀티미터의 뒤면 구성과 연결에 대해서 알 수 있다.

디지털 멀티미터를 사용을 위해, 먼저 앞면 판넬 동작법을 정확하게 숙지해야 합니다. 이 장에서는 앞면 판넬의 동작법과 기능에 대해 간단한 소개 및 설명을 하고 있습니다.

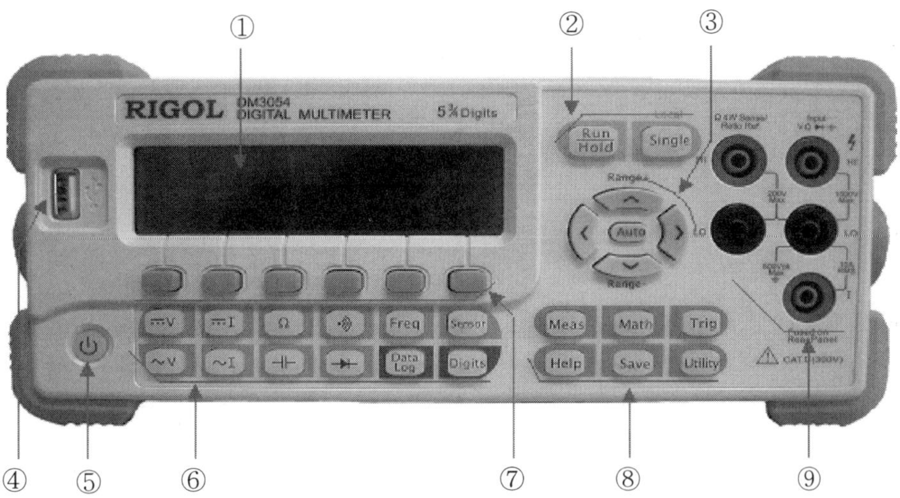

[그림 3] 멀티미터 앞면 판넬 구성

① LCD 표시

② Trigger 제어키

자동 및 정지 트리거링(특별한 측정 구성으로 가능한 매우 빠른 속도에서 연속적인 측정값을 가져옵니다. 입력값 정지 모드는 측정값을 획득하고 앞면 판넬 디스플레이 내에 안정된 측정값을 정지시킨다). 싱글 트리거링(멀티미터는 한번 측정값을 읽어오거나, 또는 사용자가 입력한 샘플 카운터만큼 읽어 옵니다.)

③ 방향키

④ USB Host

⑤ On/Off 스위치

⑥ District Purple

직류 전압 측정, 직류 전류 측정, 교류 전압 측정, 교류 전류 측정, 저항 측정, 커패시턴스, 단락 시험, 다이오드 검사, 주파수 및 주기 측정, 임의 센서 측정, 고속 데이터 로거 설정, 데이터 디지트 디스플레이 선택

⑦ 메뉴 동작키

⑧ 기능 선택키

측정 파라미터 설정하기, 연산기능, 트리거 설정, 저장 및 불러오기, 유틸리티 설정, 내장된 도움말 기능 이용

⑨ 현재 입력단자

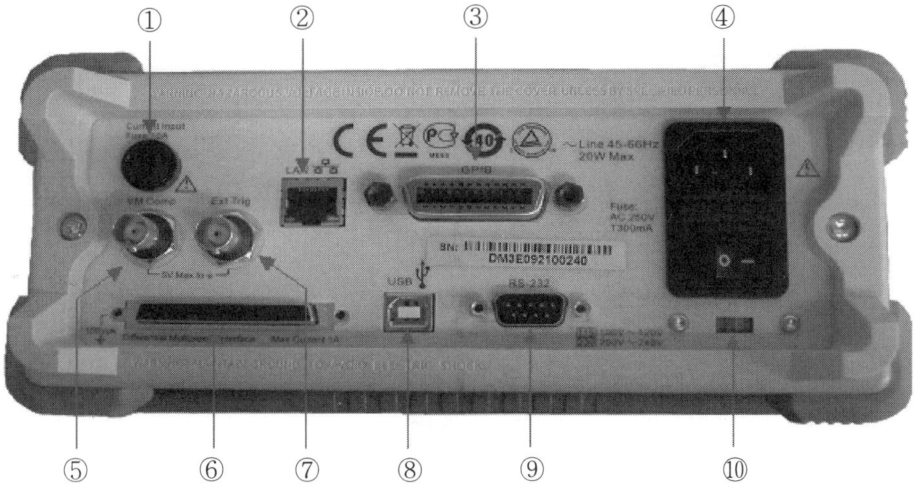

[그림 4] 멀티미터 뒤면 판넬 구성

① 전류 입력 Fuse

② 10/100 Ethernet

③ GPIB(IEEE-488)

④ 전원 Socket

⑤ VMC

⑥ Differential Multiplexer Interf교류e

⑦ Ext Trigger

⑧ USB Device

⑨ RS--232

⑩ 교류 전압 Selector

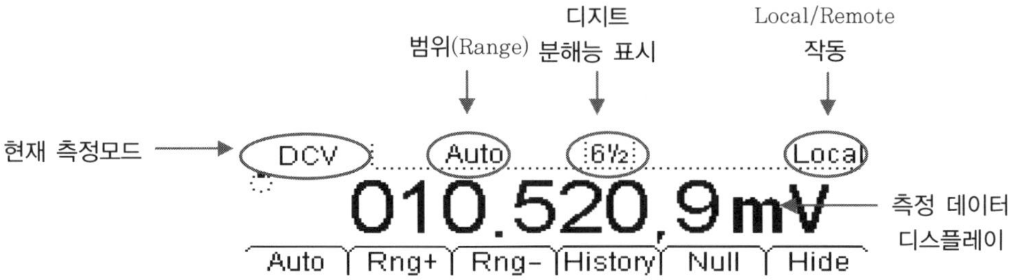

[그림 5] 측정값 표시 예

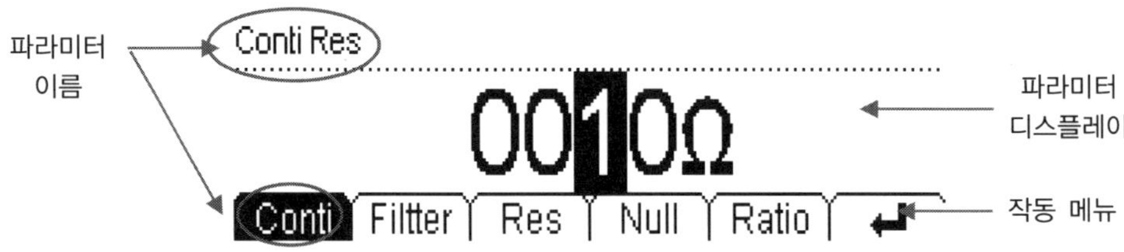

키에 대해 쓰인 표현은 앞면 판넬 내에 있는 키와 같다. 여기서 메뉴는 줄무늬 그림자로 나타낸 키로 표시된다. 예를 들어, Conti 의미는 메뉴에서 단락 시험입니다.

memo

Chapter

05 멀티미터 직접 다루기

학습목표

1. 예제를 통해 멀티미터의 여러 가지 기능을 익힐 수 있다.
2. 조작 순서를 통해, 여러 가지 계측방법을 익힐 수 있다.
3. 멀티미터를 직접 작동시킬 수 있다.

1. 직류전압 측정하기

직류전압 측정기능에서, 아래 부분은 전압측정 연결법과 측정기능 설정법에 대해 설명하고 있습니다. 직류 전압 측정기술에 점차적으로 익숙하도록 안내해 주고 있습니다.

[그림 7] 인터페이스 설명

〈표 8〉 직류 전압 특성 측정

Five Range	200mV, 2V, 20V, 200V, 1000V
Max Resolution	100nV
Import Protection	1000V on all ranges(HI Terminal)
Configurable Parameters	Range, 직류 impedance, Null value

조작 순서

1 아래 그림과 같이 측정 리드선 연결. 적색 리드선은 HI 터미널에 연결하고, 검정색 리드선은 LO 터미널에 연결합니다.

2 ⎓V 버튼을 눌러 직류 전압 측정기능을 선택합니다.

3 전압 측정 영역에 따라 알맞은 측정범위를 선택합니다.

4 직류 임피던스를 설정합니다.

Meas 버튼을 눌러 → Res 선택, 직류 입력 임피던스를 설정합니다. 직류 입력 임피던스는 기본 값으로 10MΩ으로 설정되어 있고, 이 파라미터를 변경없이 직접 사용자가 설정할 수 있습니다.

5 Null 값 설정

Null 연산은 옵션 기능으로, 사용자 요청에 따라 설정된다. 만약 사용자가 Null 연산을 실행하지 않으면, 이 파라미터는 필요하지 않으면 다음 단계에서 직접 실행합니다.

6 회로 내에 측정 리드선 연결 및 측정 시작

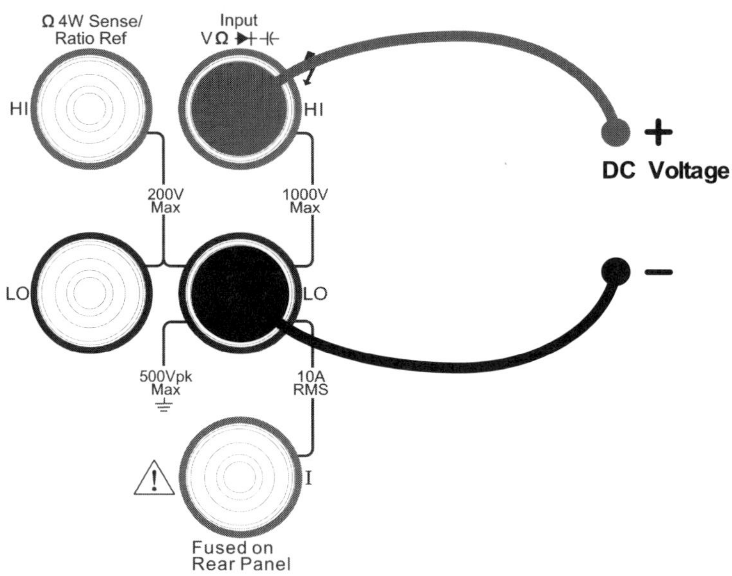

[그림 8] 직류 전압 측정 사용법

7 History 측정 데이터 처리

History 누르면, 아래와 같은 메뉴가 표시된다.

[그림 9] history 측정 데이터 처리

현재 측정 기능에서 데이터를 확인하거나 저장하기 위해서는 history 기능을 이용하여 측정합니다. 이 측정에서 "Info"(information), "List" 및 "Graph"로 얻을 수 있습니다. 물론, 이 정보 데이터는 Save키를 눌러 저장할 수 있습니다.

참 고

만약 사용자가 측정 영역을 예상할 수 없다면, 좀 더 정확한 측정 데이터를 얻기 위해서 Auto range로 설정합니다.

2. 교류전압 측정하기

교류전압 측정기능에서, 아래 부분은 전압 측정 연결법과 측정기능 설정법에 대해 설명하고 있습니다. 아래 실습은 교류 전압 측정 기술에 점차적으로 익숙하도록 해 주고 있습니다.

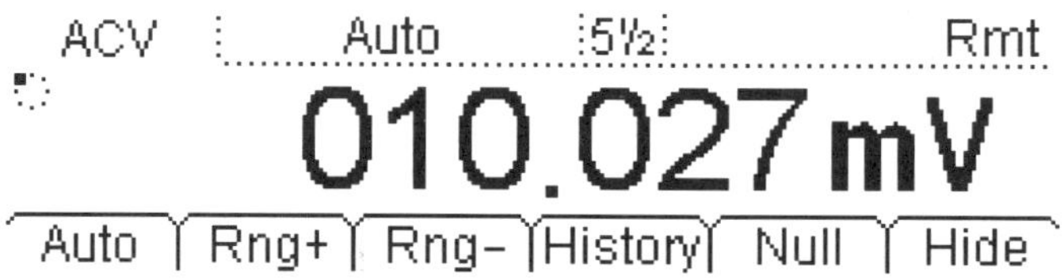

[그림 10] 교류 전압 측정 데이터 화면

〈표 9〉 교류 전압 특성 측정

Range	200mV, 2V, 20V, 200V, 750V
Max Resolution	100nV
Import Protection	750VRMS on all ranges(HI Terminal)
Configurable Parameters	Range, 직류 impedance, Null value

조작 순서

1 그림과 같이 측정 리드선 연결. 적색 리드선은 HI 터미널에 연결하고, 검정색 리드선은 LO 터미널에 연결합니다.

2 (~V) 버튼을 눌러 교류 전압 측정 기능을 선택합니다.

3 전압 측정 영역에 따라 알맞은 측정 범위를 선택합니다.

4 교류 임피던스를 설정합니다.

(Meas) 버튼을 눌러 → Filter 선택, 교류 필터 대역을 설정합니다. 교류 필터 대역은 기본값으로 10MΩ으로 설정되어 있고, 이 파라미터는 변경 없이 직접 사용자가 설정할 수 있습니다.

5 Null 값 설정

Null 연산은 옵션 기능으로, 사용자 요청에 따라 설정된다. 만약 사용자가 Null 연산을 실행하지 않으면, 이 파라미터는 필요하지 않으며 다음 단계에서 직접 실행합니다.

6 회로 내에 측정 리드 선 연결 및 측정 시작

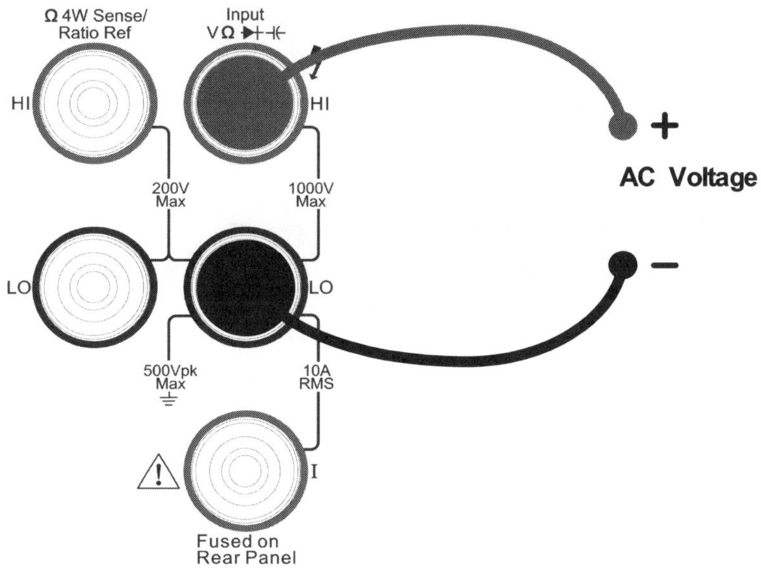

[그림 11] 교류 전압 측정 사용법

7 history 측정 데이터 처리

History 누르면, 아래와 같은 메뉴가 표시된다.

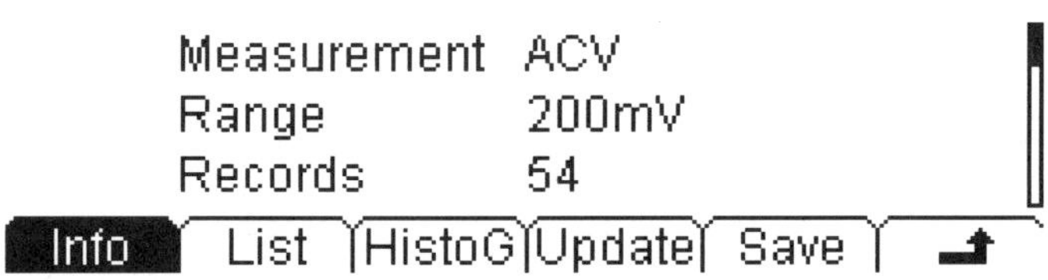

[그림 12] history 측정 데이터 처리

현재 측정 기능에서 데이터를 체크 하거나 저장하기 위해서는 history 기능을 이용하여 측정합니다. 이 측정에서 “Info”(information), “List” 및 “Graph”로 얻을 수 있습니다. 물론, 이 정보 데이터는 Save키를 눌러 저장할 수 있습니다.

3. 직류전류 측정하기

직류전류 측정기능에서, 아래 부분은 전압 측정 연결법과 측정기능 설정법에 대해 설명하고 있습니다. 아래 실습은 직류전류 측정기술에 점차적으로 익숙하도록 해주고 있습니다.

[그림 13] 직류전류 측정 데이터 화면

〈표 10〉 직류전류 측정 특성

Range	2mA, 20mA, 200mA, 1A, 10A
Max Resolution	10nA
Import Protection	10A, 250V Current Input Fuse on rear panel
Configurable Parameters	Range, Null value

조작 순서

1 그림과 같이 측정 리드선 연결. 적색 리드 선은 HI 터미널에 연결하고, 검정색 리드 선은 LO 터미널에 연결합니다.

2 [⎓I] 버튼을 눌러 직류 전압 측정 기능을 선택합니다.

3 전류 측정 영역에 따라 알맞은 측정 범위를 선택합니다.

4 Null 값 설정

Null 연산은 옵션 기능으로, 사용자 요청에 따라 설정된다. 만약 사용자가 Null 연산을 실행하지 않으면, 이 파라미터는 필요하지 않다. 다음 단계에서 직접 실행합니다.

5 회로 내에 측정 리드 선 연결 및 측정 시작

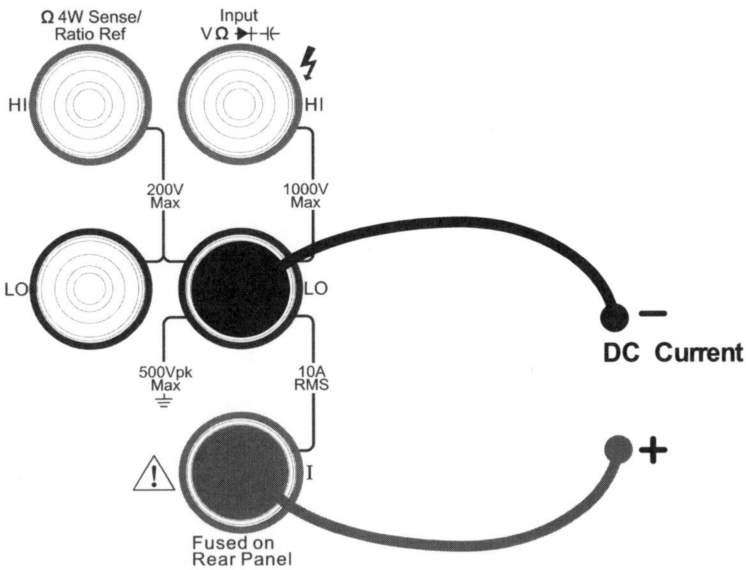

[그림 14] 직류 전류 측정 사용법

6 History 측정 데이터 처리

History 누르면, 아래와 같은 메뉴가 표시된다.

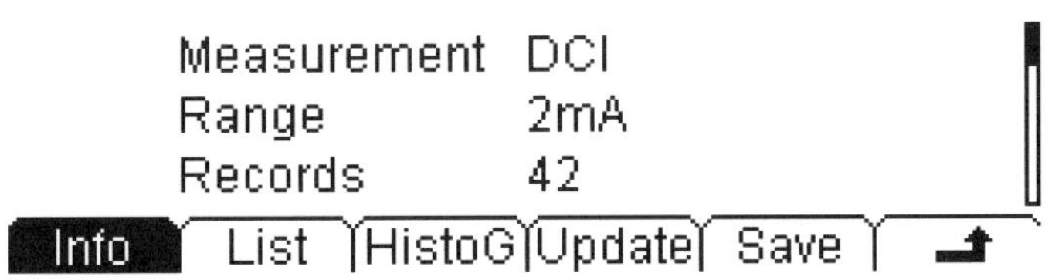

[그림 15] History 측정 데이터 처리

현재 측정 기능에서 데이터를 체크 하거나 저장하기 위해서는 history 기능을 이용하여 측정합니다. 이 측정에서 "Info"(information), "List" 및 "Graph"로 얻을 수 있습니다. 물론, 이 정보 데이터는 Save키를 눌러 저장할 수 있습니다.

4. 교류전류 측정하기

교류전류 측정기능에서, 아래 부분은 전압측정 연결법과 측정기능 설정법에 대해 설명하고 있습니다. 아래 실습은 교류전류 측정에 점점 익숙하도록 설명해주고 있습니다.

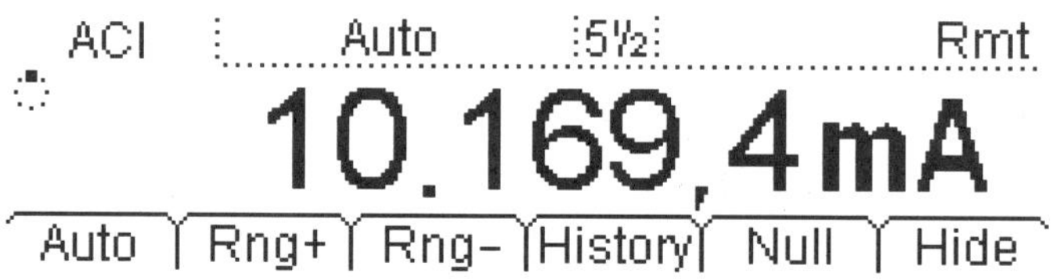

[그림 16] 교류 전류 측정 데이터 화면

〈표 11〉 교류 전류 측정 특성

Range	20mA, 200mA, 1A, 10A
Max Resolution	100nA
Import Protection	10A, 250V Current Input Fuse on rear panel
Configurable Parameters	Range, Null value

조작 순서

1 그림과 같이 측정 리드선 연결. 적색 리드 선은 HI 터미널에 연결하고, 검정색 리드 선은 LO 터미널에 연결합니다.

2 [~I] 버튼을 눌러 직류 전압 측정 기능을 선택합니다.

3 전류 측정 영역에 따라 알맞은 측정 범위를 선택합니다.

4 직류 임피던스 설정

[Meas] 버튼을 눌러 → Filter 선택, 교류 필터 대역을 설정합니다. 교류 필터 대역은 기본값으로 "Mid"(Middle)로 설정되어 있고, 이 파라미터는 변경 없이 직접 사용자가 설정할 수 있습니다.

5 Null 값 설정

Null 연산은 옵션 기능으로, 사용자 요청에 따라 설정된다. 만약 사용자가 Null 연산을 실행하지 않으면, 이 파라미터는 필요하지 않으며 다음 단계에서 직접 실행합니다.

6 회로 내에 측정 리드 선 연결 및 측정 시작

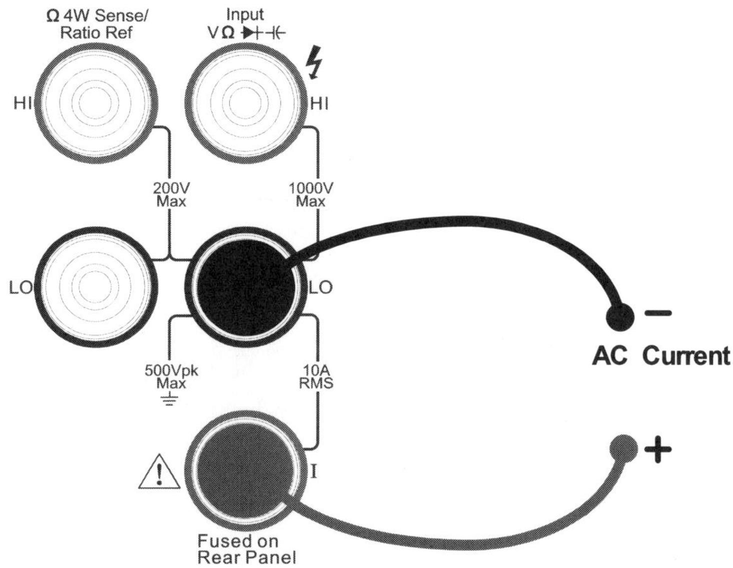

[그림 17] 교류 전류 측정 사용법

7 History 측정 데이터 처리

History 누르면, 아래와 같은 메뉴가 표시된다.

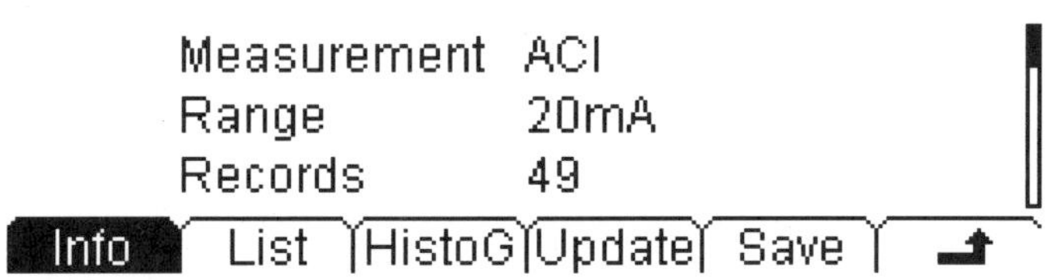

[그림 18] History 측정 데이터 처리

현재 측정 기능에서 데이터를 체크 하거나 저장하기 위해서는 history 기능을 이용하여 측정합니다. 이 측정에서 "Info"(information), "List" 및 "Graph"로 얻을 수 있습니다. 물론, 이 정보 데이터는 Save키를 눌러 저장할 수 있습니다.

5. 저항 측정하기

저항 측정기능에서, 아래 부분은 저항 측정 연결법과 측정기능 설정법에 대해 설명하고 있습니다. 아래 실습은 저항측정 기술에 점차적으로 익숙하도록 설명 해주고 있습니다. 저항 측정 방법은 2-선식 저항 측정법과 4-선식 저항 측정법이 있습니다.

[2-선식 저항 측정법]

[그림 19] 2-선식 저항 측정화면

〈표 12〉 저항 측정 특성

Range	200Ω, 2kΩ, 20kΩ, 200kΩ, 1MΩ, 10MΩ, 100MΩ
Max Resolution	100uΩ
Open circuit Voltage	〈5V
Import Protection	1000V on all ranges(HI Terminal)
Configurable Parameters	Range, Null value

조작 순서

1 그림과 같이 측정 리드선 연결. 적색 리드 선은 HI 터미널에 연결하고, 검정색 리드 선은 LO 터미널에 연결합니다.

2 [Ω] 버튼을 눌러 2선식 저항 측정 기능을 선택합니다.

3 저항 측정 영역에 따라 알맞은 측정 범위를 선택합니다.

4 Null 값 설정

Null 연산은 옵션 기능으로, 사용자 요청에 따라 설정된다. 만약 사용자가 Null 연산을 실행하지 않으면, 이 파라미터는 필요하지 않으며 다음 단계에서 직접 실행

5 회로 내에 측정 리드 선 연결 및 측정 시작

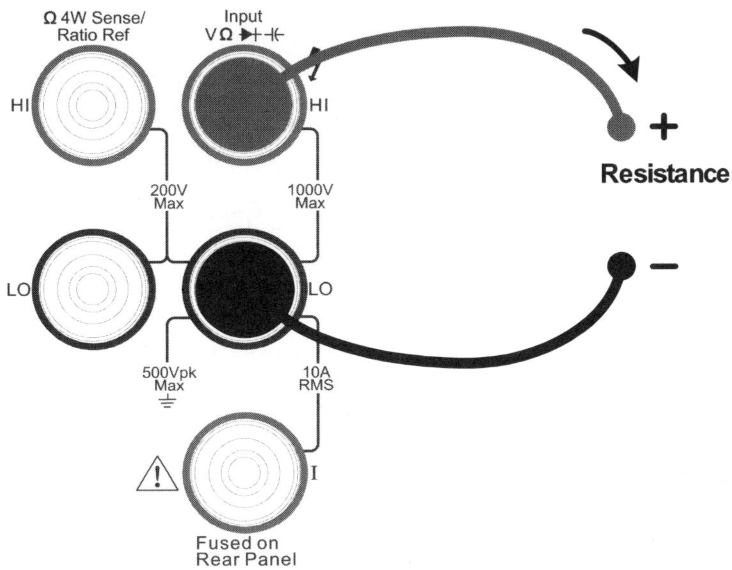

[그림 20] 2-선식 저항 측정 사용법

6 History 측정 데이터 처리

History 누르면, 아래와 같은 메뉴가 표시된다.

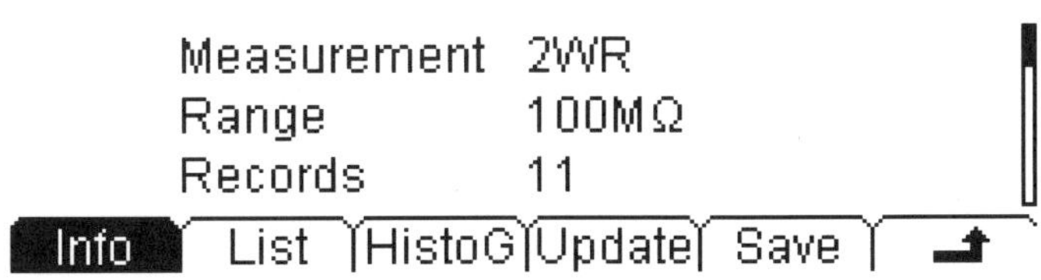

[그림 21] History 측정 데이터 처리

현재 측정 기능에서 데이터를 체크 하거나 저장하기 위해서는 history 기능을 이용하여 측정합니다. 이 측정에서 “Info”(information), “List” 및 “Graph”로 얻을 수 있습니다. 물론, 이 정보 데이터는 Save키를 눌러 저장할 수 있습니다.

참 고

작은 값 저항을 측정할 때, 측정 리드 선 임피던스 에러를 제거하기 위해서 Null 동작을 추천합니다.

[4-선식 저항 측정법]

[그림 22] 4-선식 저항 측정화면

〈표 13〉 저항 측정 특성

Range	200Ω, 2kΩ, 20kΩ, 200kΩ, 1MΩ, 10MΩ, 100MΩ
Max Resolution	100uΩ
Open-circuit Voltage	〈5V
Import Protection	(1) 200VPK (2) 1000V on all ranges(HI Terminal)
Configurable Parameters	Range, Null value

조작 순서

1 그림과 같이 측정 리드선 연결. 적색 리드 선은 HI 터미널에 연결하고, 검정색 리드 선은 LO 터미널에 연결합니다.

2 [Ω] 버튼을 2번 눌러 4선식 저항 측정 기능을 선택합니다.

3 저항 측정영역에 따라 알맞은 측정 범위를 선택합니다.

4 Null 값 설정

Null 연산은 옵션 기능으로, 사용자 요청에 따라 설정된다. 만약 사용자가 Null 연산을 실행하지 않으면, 이 파라미터는 필요하지 않으면 다음 단계에서 직접 실행합니다.

5 회로 내에 측정 리드 선 연결 및 측정 시작

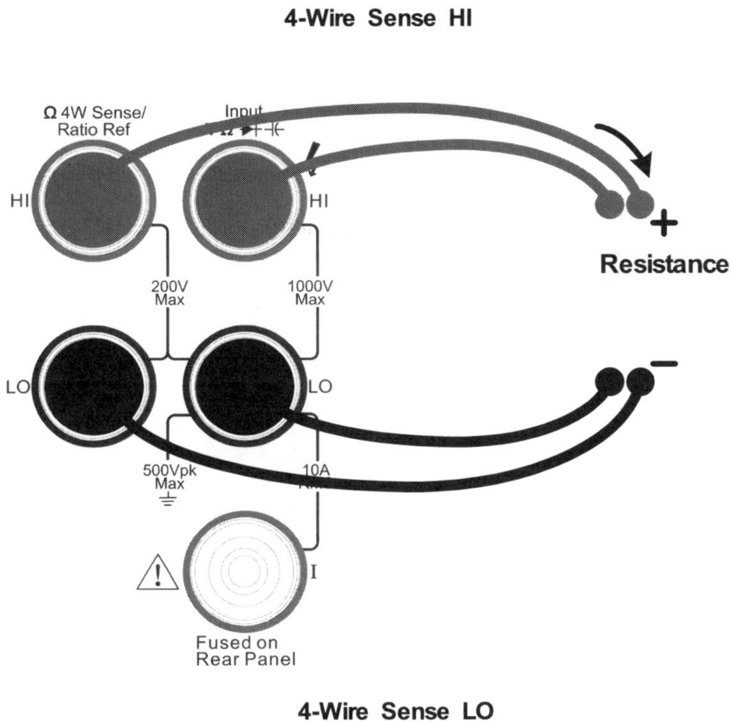

[그림 23] 4-선식 저항 측정 사용법

6 History 측정 데이터 처리

History 누르면, 아래와 같은 메뉴가 표시된다.

[그림 24] History 측정 데이터 처리

현재 측정 기능에서 데이터를 체크 하거나 저장하기 위해서는 history 기능을 이용하여 측정합니다. 이 측정에서 "Info"(information), "List" 및 "Graph"로 얻을 수 있습니다. 물론, 이 정보 데이터는 Save키를 눌러 저장할 수 있습니다.

참고

저항을 측정할 때, 저항 양쪽 끝을 만지면 부정확한 측정이 유발되오니 저항 양쪽 끝을 만지지 마십시오.

6. 커패시턴스 측정하기

직류 전압 측정 기능에서, 아래 부분은 전압 측정 연결법과 측정기능 설정법에 대해 설명하고 있습니다. 아래 실습은 직류 전압 측정에 익숙할 수 있도록 알려주고 있습니다.

[그림 25] 커패시턴스 측정 데이터 화면

〈표 14〉 커패시턴스 측정 특성

Six Range	2nF, 20nF, 200nF, 2uF, 20uF, 200uF
Max Resolution	0.1pF
Import Protection	1000V on all ranges(HI Terminal)
Configurable Parameters	Range, Null value

조작 순서

1 그림과 같이 측정 리드선 연결. 적색 리드 선은 HI 터미널에 연결하고, 검정색 리드 선은 LO 터미널에 연결합니다.

2 [⊣⊢] 버튼을 눌러 커패시턴스 측정 기능을 선택합니다.

3 커패시턴스 측정 영역에 따라 알맞은 측정 범위를 선택합니다.

4 Null 값 설정

Null 연산은 옵션 기능으로, 사용자 요청에 따라 설정된다. 만약 사용자가 Null 연산을 실행하지 않으면, 이 파라미터는 필요하지 않으면 다음 단계에서 직접 실행합니다.

5 회로 내에 측정 리드 선 연결 및 측정 시작

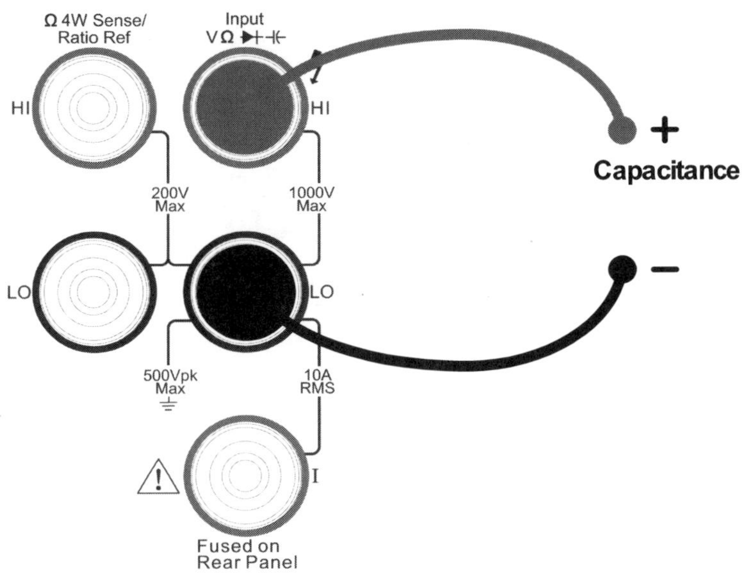

[그림 26] 커패시턴스 측정 사용법

6 History 측정 데이터 처리

History 누르면, 아래와 같은 메뉴가 표시된다.

[그림 27] History 측정 데이터 처리

현재 측정 기능에서 데이터를 체크 하거나 저장하기 위해서는 history 기능을 이용하여 측정합니다. 이 측정에서 "Info"(information), "List" 및 "Graph"로 얻을 수 있습니다. 물론, 이 정보 데이터는 Save키를 눌러 저장할 수 있습니다.

참 고

> 전해커패시턴스를 측정하기 전, 커패시턴스의 두 다리를 단락시켜 방전한 후 측정하시기 바랍니다.

7. 단락 측정하기

단락시험 기능에서, 아래 부분은 단락 시험 연결법과 측정기능 설정법에 대해 설명하고 있습니다. 아래 실습은 단락시험 기술을 익히도록 보여주고 있습니다.

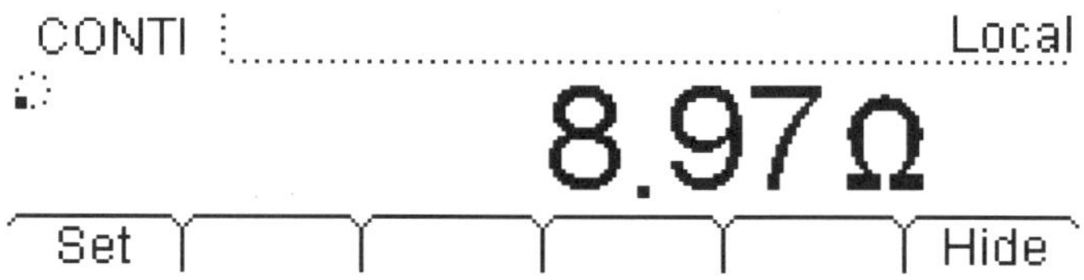

[그림 28] 단락 측정 화면

〈표 15〉 단락 시험 측정 특성

Tests Current	1mA
Max Resolution	Range fixed at 2kΩ
Open-circuit Voltage	〈5V
Import Protection	1000V(HI Terminal)
Configurable Parameters	$0 \leq R_{testing} \leq Short\ circuit\ impedance$ $0\Omega \leq Short\ circuit\ impedance \leq 2k\Omega$

조작 순서

1 그림과 같이 측정 리드선 연결. 적색 리드 선은 HI 터미널에 연결하고, 검정색 리드 선은 LO 터미널에 연결합니다.

2 버튼을 눌러 커패시턴스 측정 기능을 선택합니다.

3 단락 저항 설정
버튼을 눌러 → Res 선택, 단락 임피던스를 설정합니다. 단락 임피던스는 기본값으로 10MΩ으로 설정되어 있고, 이 파라미터는 변경 없이 직접 사용자가 설정할 수 있습니다.

4 회로 내에 측정 리드 선 연결 및 측정 시작

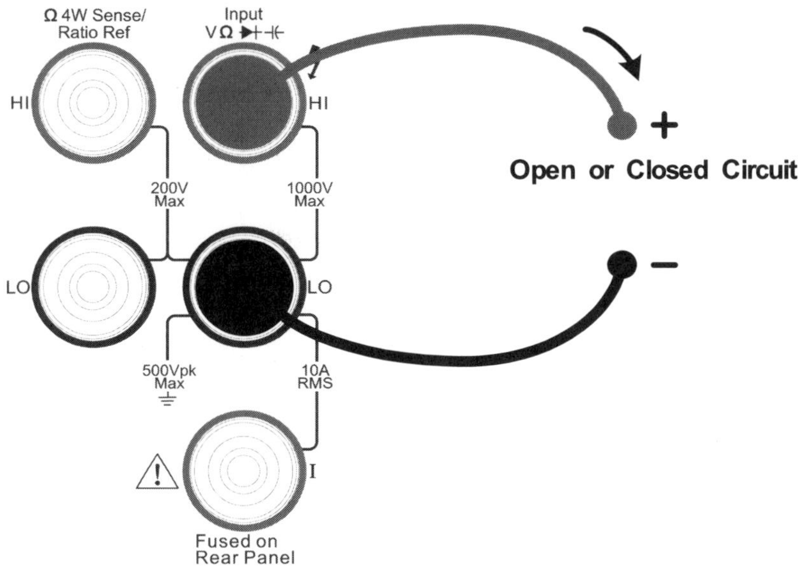

[그림 29] 단락 시험 사용법

8. 다이오드 검사하기

다이오드 검사 기능에서, 아래 부분은 다이오드 검사 연결법과 측정기능 설정법에 대해 설명하고 있습니다. 아래 실습은 다이오드 검사에 익숙하도록 설명해주고 있습니다.

[그림 30] 다이오드 검사 화면

〈표 16〉 다이오드 검사 특성

Tests Current	1mA
Max Resolution	Range fixed at 2V직류
Open-circuit Voltage	〈5V
Import Protection	1000V(HI Terminal)
Configurable Parameters	$0.3V \leq V_{measured} \leq 2V$

조작 순서

1 그림과 같이 측정 리드선 연결. 적색 리드 선은 HI(high)터미널에 연결하고, 검정색 리드 선은 LO(low) 터미널에 연결합니다.

2 (→|←) 버튼을 눌러 다이오드 검사 선택

3 회로 내에 측정 리드 선 연결 및 측정 시작

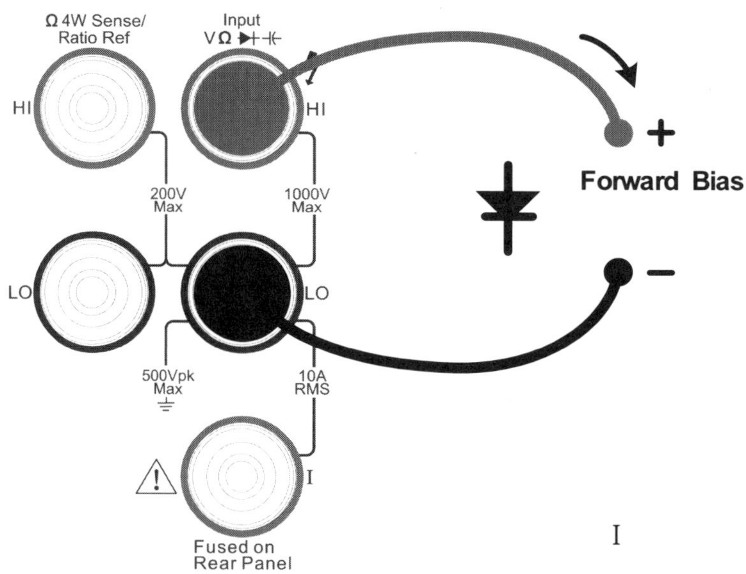

[그림 31] 다이오드 검사 사용법

9. 주파수(Freq) 및 주기 측정하기

주파수(Freq) 및 주기 측정 기능에서, 아래 부분은 연결법과 측정기능 설정법에 대해 설명하고 있습니다. 아래 실습은 주파수(Freq) 및 주기 측정에 익숙하도록 설명해주고 있습니다.

[주파수(Freq) 측정]

[그림 32] 주파수 측정 화면

〈표 17〉 주파수(Freq) 측정 특성

Range	Auto Range
Measurement Range	3Hz~300kHz
Input Signal Range	100mV교류~750V교류
Import Protection	750VRMS on all ranges(HI Terminal)
Configurable Parameters	Null value

조작 순서

1 그림과 같이 측정 리드선 연결. 적색 리드 선은 HI 터미널에 연결하고, 검정색 리드 선은 LO 터미널에 연결합니다.

2 Freq 버튼을 눌러 주파수(Freq) 측정 선택

3 Null 값 설정
Null 연산은 옵션 기능으로, 사용자 요청에 따라 설정된다. 만약 사용자가 Null 연산을 실행하지 않으면, 이 파라미터는 필요하지 않으며 다음 단계에서 직접 실행합니다.

4 회로 내에 측정 리드 선 연결 및 측정 시작

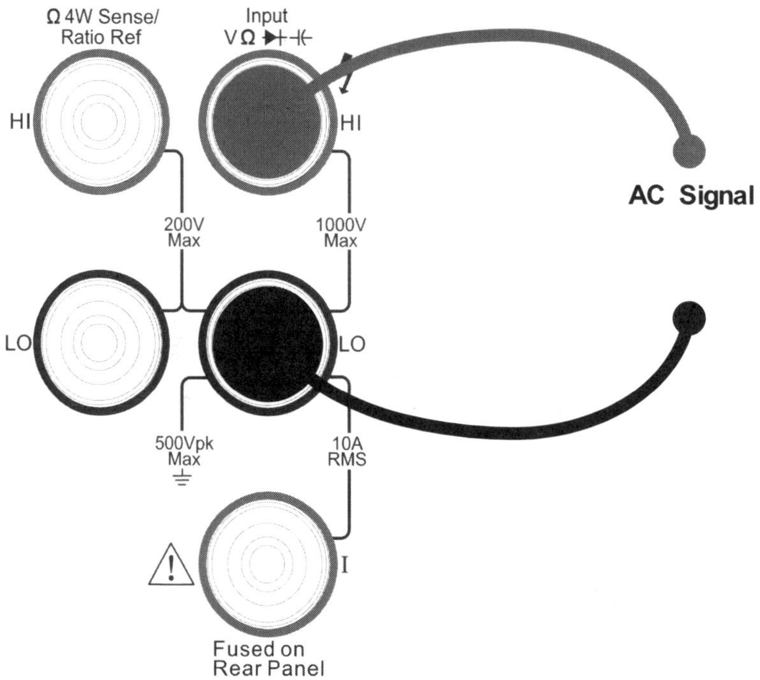

[그림 33] 주파수(Freq) 측정 사용법

5 History 측정 데이터 처리

History 누르면, 아래와 같은 메뉴가 표시된다.

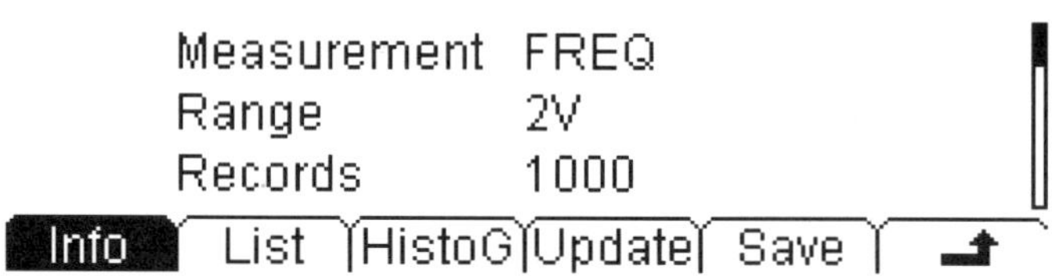

[그림 34] History 측정 데이터 처리

현재 측정 기능에서 데이터를 체크 하거나 저장하기 위해서는 history 기능을 이용하여 측정합니다. 이 측정에서 "Info"(information), "List" 및 "Graph"로 얻을 수 있습니다. 물론, 이 정보 데이터는 Save키를 눌러 저장할 수 있습니다.

[주기 측정]

[그림 35] 주기 측정 화면

〈표 18〉 주기 측정 특성

Range	200mV, 2V, 20V, 200V, 750V
Measurement Range	0.33s ~ 3.3us
Input Signal Range	100mV교류~750V교류
Import Protection	750VRMS on all ranges(HI Terminal)
Configurable Parameters	Null value

조작 순서

1 그림과 같이 측정 리드선 연결. 적색 리드 선은 HI 터미널에 연결하고, 검정색 리드 선은 LO 터미널에 연결합니다.

2 Freq 버튼을 2번 눌러 주파수(Freq) 측정 선택

3 Null 값 설정

4 Null 연산은 옵션 기능으로, 사용자 요청에 따라 설정된다. 만약 사용자가 Null 연산을 실행하지 않으면, 이 파라미터는 필요하지 않으며 다음 단계에서 직접 실행합니다.

5 회로 내에 측정 리드 선 연결 및 측정 시작

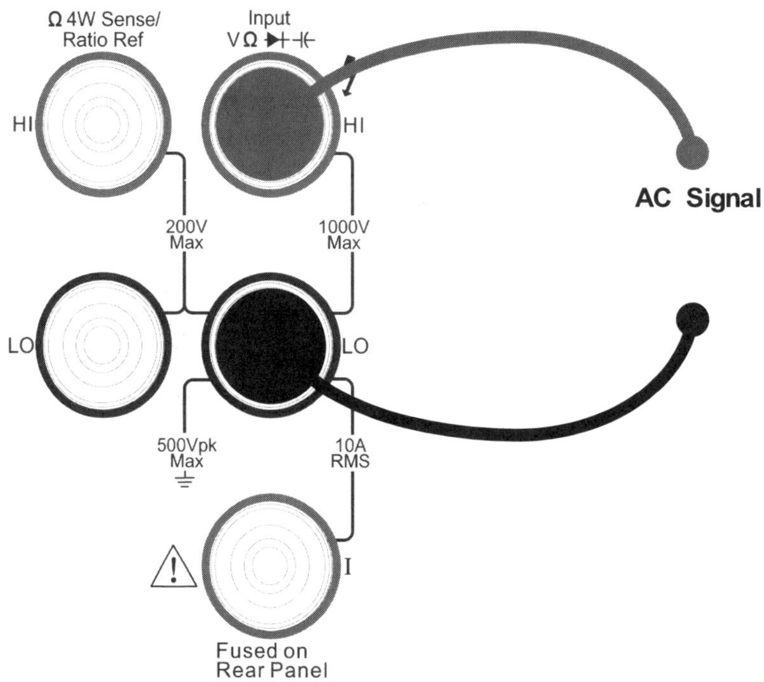

[그림 36] 주기 측정 사용법

6 History 측정 데이터 처리

History 누르면, 아래와 같은 메뉴가 표시된다.

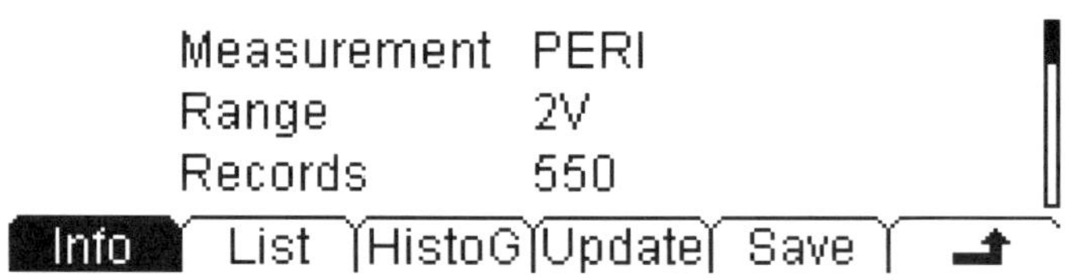

[그림 37] History 측정 데이터 처리

현재 측정 기능에서 데이터를 체크 하거나 저장하기 위해서는 history 기능을 이용하여 측정합니다. 이 측정에서 "Info"(information), "List" 및 "Graph"로 얻을 수 있습니다. 물론, 이 정보 데이터는 Save키를 눌러 저장할 수 있습니다.

10. 데시벨(dB) 측정하기

조작 순서

1 교류 전압을 측정합니다. 아래와 같이 리드선을 연결하세요.

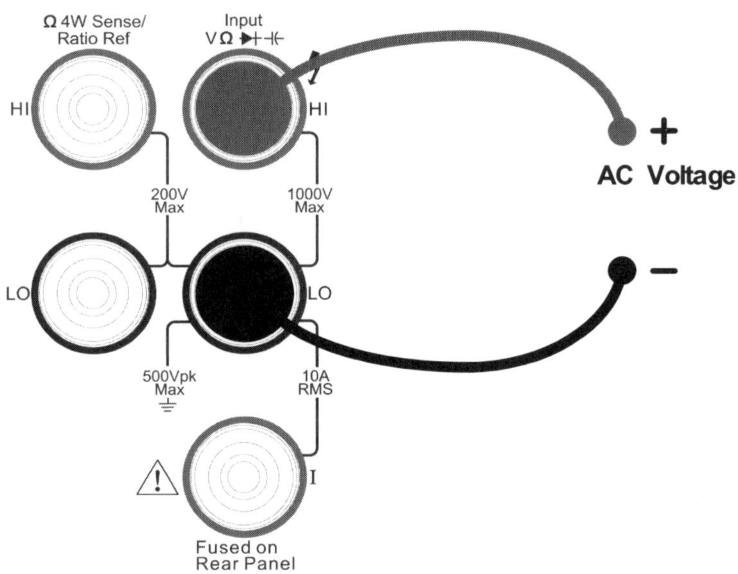

[그림 38] 데시벨 측정 사용법

2 ~V 버튼을 누르면, 교류 전압 측정기능이 선택됩니다. 그리고 올바른 레인지를 선택합니다.

3 전체 측정 파라메터를 설정합니다.

(1) Math → dB순으로 버튼을 누르고, 데시벨 측정 설정값을 설정합니다.

(2) 키를 누르면, 바뀐 내용을 저장 후, 상위 메뉴로 이동합니다.

4 dB 측정을 시작합니다.

(1) Math → ON 순서로 키를 누르고, 전체 측정 기능을 켭니다.

(2) 키를 눌러서, 설정을 종료합니다.

5 리드선을 회로에 연결하고 테스트를 시작합니다.

확인문제(이론+실기)

A 멀티메타를 정의하시오.

B 멀티메타를 이용하여, 대한민국 상용전원을 측정해 보시오.

C 멀티메타를 이용하여, 임의의 5개 저항에 대한 측정값과 계산값을 비교해 보시오.

D 멀티메타를 이용하여, 강의실에 있는 온풍기 혹은 에어컨를 동작시켜 전류를 측정해 보고, 제품이 제시한 전기사양과 비교해 보시오.

memo

함수발생기
(Function Generator)

Chapter 06

함수발생기 앞/뒤면 판넬

학습목표

1. 함수발생기를 실물을 통해 익힐 수 있다.
2. 함수발생기의 앞면의 판넬의 기능을 알 수 있다.
3. 함수발생기의 뒤면 구성과 연결에 대해서 알 수 있다.

함수발생기의 앞·뒤면 판넬의 구성에 대해서 알아야 합니다. 이 장에서는 앞면/뒤면 판넬에 대하여 간단히 설명합니다.

1. 앞면 판넬 설명

함수발생기의 앞면 판넬은 크게 노브와 기능키, 메뉴버튼으로 되어 있습니다. LCD Screen아래의 6개 회색버튼은 메뉴 버튼들입니다. 현재의 메뉴에서 다른 기능 수행 옵션을 선택하는데 도움이 됩니다. 나머지 버튼들은 다른 기능 메뉴나 특정 기능적 응용을 직접적으로 들어 갈 수 있는 기능키들입니다.

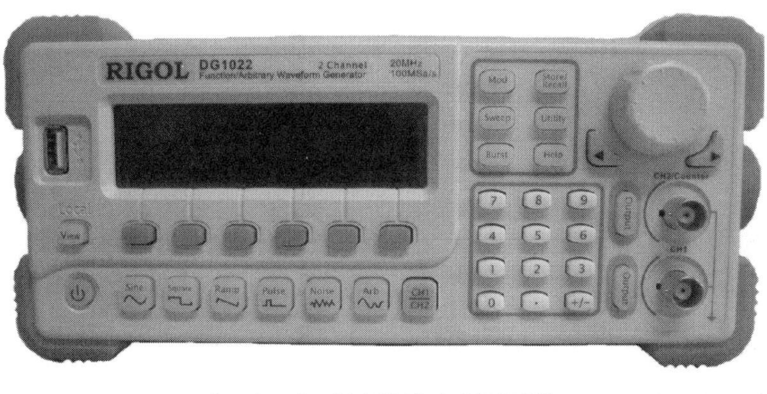

[그림 39] 함수발생기 앞면판넬

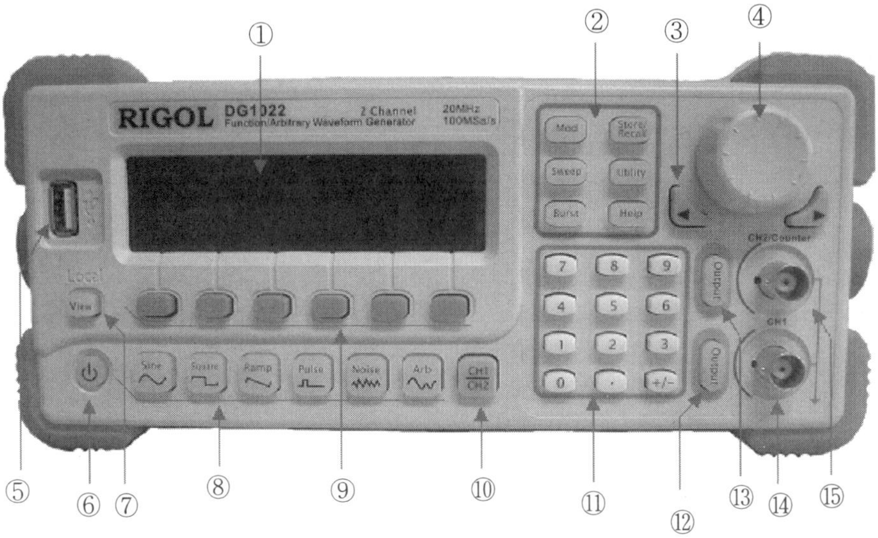

[그림 40] 함수발생기 앞면판넬 구성

※ 함수발생기 판넬 앞면을 참조하여 해 주세요.

① LCD Screen

② Mode/Functions]

Mod 변조, 스위프, 버스트(CH1에서만 사용합니다)

Store/Recall 저장/호출, Utility 유틸리티, Help 도움말

③ Direction 키

④ Knob

⑤ USB Host

⑥ 전원

⑦ 표시 모드 Switch(표시모드전환)

⑧ Waveform 키s(파형선택)

⑨ Sine 사인파 설정, 구형파 설정, 램프파 설정, 펄스파 설정, 노이즈파 설정, 임의 파형 설정

⑩ Menu 키s

⑪ Channel Switch(Channel 선택)

⑫ 키pad

⑬ CH1 출력 Button

⑭ CH2 출력 Button

⑮ CH1 출력 Connector

⑯ CH2 출력 Counter 입력

2. 뒤면 판넬 설명

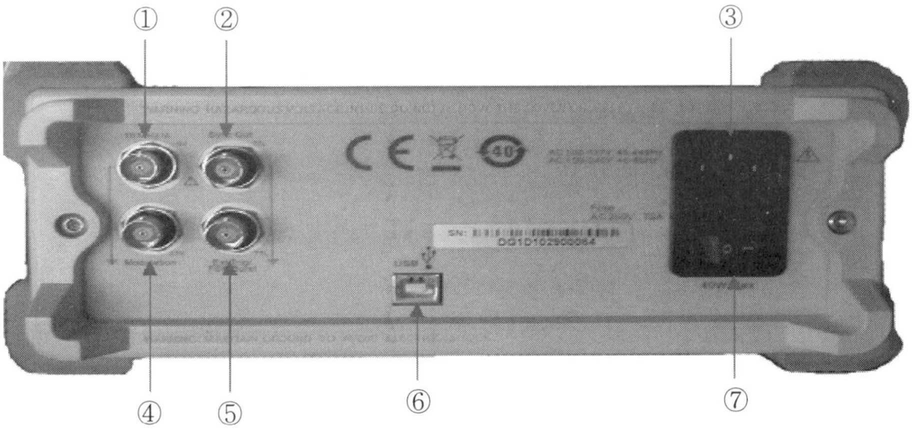

[그림 41] 함수발생기 뒤 판넬 구성

① 10MHz Reference 입력

② Synchronous 출력

③ 전원 Socket

④ 전원 Socket 입력

⑤ External Trig/FSK/Burst

⑥ USB Device

⑦ Main 전원 Switch

효율적으로 함수발생기를 사용하기 위하여 다음 장에서는 좀 더 상세한 예를 통해 다루어보도록 하겠습니다.

memo

Chapter 07

함수발생기 직접 다루기

학습목표

1 직접 작동을 통해 함수발생기의 여러 가지 기능을 익힐 수 있다.

2 조작순서를 통해, 가능한 여러 가지 계측을 익힐 수 있다.

3 함수발생기를 직접 작동시킬 수 있다.

1. 사인파형 발생시키기

20kHz frequency, 2.5mVpp 진폭과 0V직류 오프셋(offset)의 사인파를 출력하는 방법

조작 순서

1 주파수 설정

(1) Sine > Freq/Period 를 누르면 Freq와 같이 역상을 표시됩니다.

(2) 키패드를 이용하여 “20”을 입력하고 단위를 “kHz”를 선택하면 주파수는 20kHz로 설정 되었습니다.

2 진폭 설정

(1) Ampl/HiLev를 누르고 Ampl 선택.

(2) 키패드로 “2.5”를 입력하고 단위를 “mVpp” 선택

3 오프셋 설정

(1) Offset/LoLev을 누르고 Offset 설정

(2) 키패드로 “0”을 입력하고 단위를 “V직류”선택

(3) 주파수(Frequency), 진폭(Amplitude), 오프셋(Offset)이 설정되었을 때, 다음과 같이 파형이 표시됩니다.

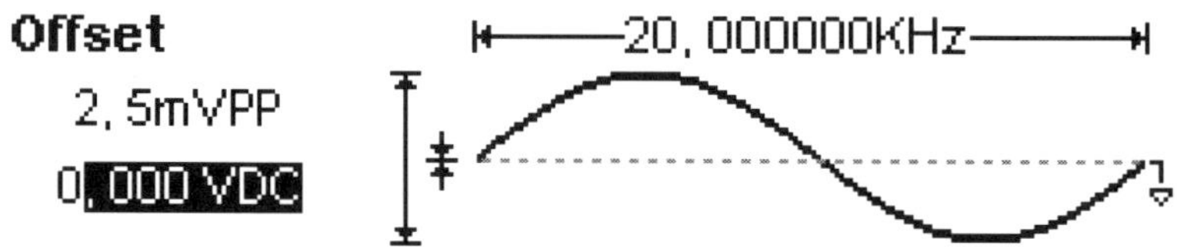

[그림 42] 사인파 출력

2. 구형파 발생기

1MHz 주파수, 2.0Vpp 진폭, 10mVpp, 0V직류 오프셋과 30% 듀티비를 가진 구형파 발생하는 방법.

조작 순서

1 주파수 설정

(1) Square(Freq/Period)를 누르고 Freq 선택

(2) 키패드로 "1"을 입력하고 단위를 "MHz" 선택

2 진폭 설정

(1) Ampl/HiLev를 선택하고 Ampl 설정

(2) 키패드로 "2"를 입력하고 단위를 "Vpp" 설정

3 오프셋 설정

(1) Offset/LoLev를 누르고 Offset 선택

(2) 키패드로 "10"을 누르고 단위를 "mV직류"로 설정

4 듀티비 설정

(1) Duty 누릅니다.

(2) 키패드로 "30"을 누르고 단위를 "%"를 누르면 듀티비가 30%로 지정됩니다. 주파수, 진폭, 오프셋, 듀티사이클이 설정되면 다음과 같이 파형이 표시됩니다.

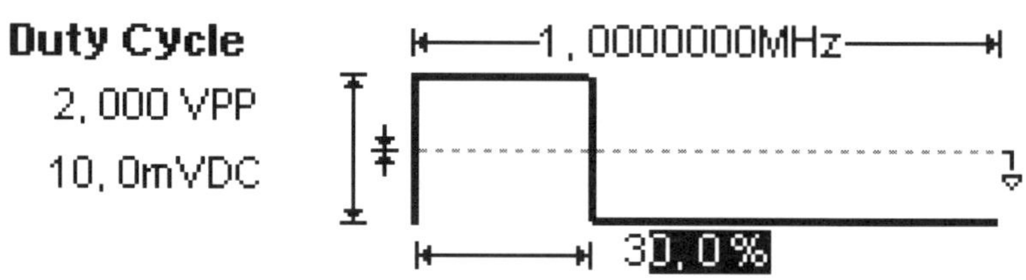

[그림 43] 구형파 출력

3. 램프파 출력하기

주기 10ms, 진폭 100mVpp, 오프셋 20mV 직류와 대칭성(Symmetry) 80%인 램프파를 출력하는 방법

조작 순서

1 주기 설정

(1) Ramp(Freq/Period)를 누르고 Period 설정

(2) 키패드로 "10"을 입력하고 단위를 "ms"로 입력

2 진폭 설정

(1) Ampl/HiLev를 누르고 Ampl 선택

(2) 키패드로 "100"을 입력하고 단위를 "mVpp"로 선택하면 100mVpp 됨

3 오프셋 설정

(1) Offset/LoLev을 누르고 Offset 선택

(2) 키패드로 "20"을 누르고 단위를 "mV직류" 선택

4 대칭성(Symmetry) 설정

(1) 대칭성(Symmetry) 누릅니다.

(2) 키패드로 "80"을 누르고 단위를 "%" 로 설정

주파수, 진폭, 대칭성을 설정하면 다음과 같이 파형이 표시됩니다.

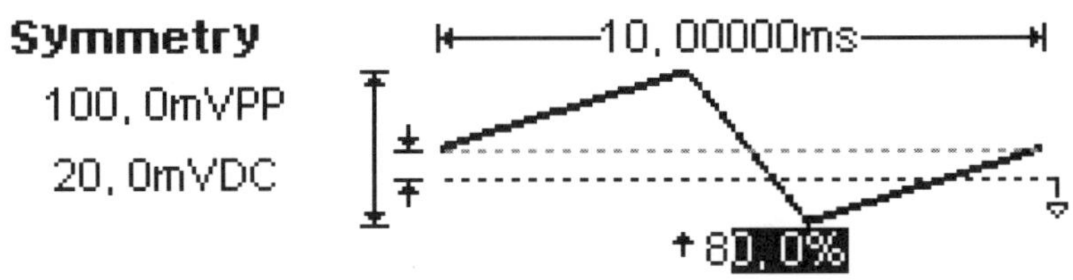

[그림 44] 램프파 출력

4. 펄스파 출력하기

주파수 5kHz, 50mV High Level, 5mV Low Level, 20μs 펄스폭(Pulse Width)과 10ns 에지시간(Edge Time)을 가진 펄스파 출력 방법

조작 순서

1 주파수 설정

(1) Pulse(Freq/Period)를 누르고 Freq 선택

(2) 키패드로 “5”를 입력하고 단위를 “kHz”를 누르면 5kHz가 설정됩니다.

2 High Level 설정

(1) Ampl/HiLev를 누르고 HiLev 선택

(2) 키패드로 “50”를 입력하고 단위를 “mV”로 선택

3 Low Level 설정

(1) Offset/LoLev를 누르고 LoLev 선택

(2) 키패드로 “5”를 누르고 단위를 “mV”로 설정

4 펄스폭(Pulse Width) 설정

(1) DtyCyc/Width을 누르고 Width을 선택

(2) 키패드로 “20”을 입력하고 단위를 ”μs”로 선택

5 에지 시간(Edge Time) 설정

(1) Edge 선택

(2) 키패드로 “10”을 입력하고 단위를 “ns” 선택

주파수, High Level, Low Level, 펄스폭(Pulse Width), 에지시간(Edge Time)울 설정하면 다음과 같이 파형이 표시됩니다.

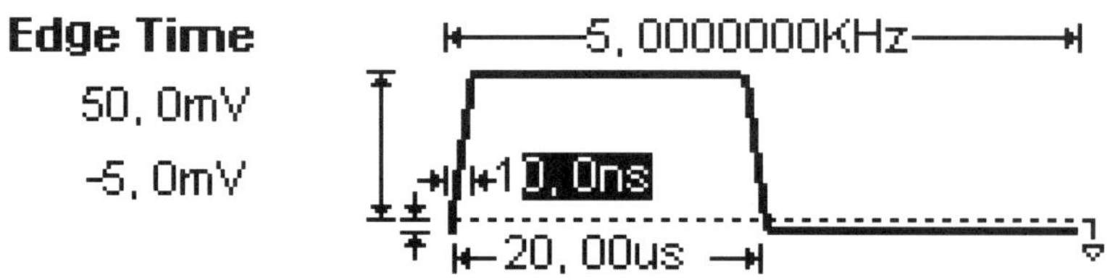

[그림 45] 펄스파형 출력

5. 노이즈파형 발생하기

30mVpp 진폭과 10mV 직류 오프셋의 노이즈 출력하는 방법

조작 순서

1 진폭 설정

(1) Ampl/HiLev을 누르고 Ampl 선택

(2) 키패드로 "30"을 누르고 단위를 "mVpp"를 선택

2 오프셋 설정

(1) Offset/LoLev를 누르고 Offset 선택

(2) 키패드로 "10"을 입력하고 "mV직류"를 선택

진폭과 오프셋이 선택되었을 때 다음과 같이 파형이 표시됩니다.

[그림 46] 노이즈 파형 출력

6. 임의파형 발생하기

8MHz, 5Vrms, 0V 직류 오프셋을 가진 임의파형 싱크(Sinc) 신호를 출력하는 방법

조작 순서

1 임의파형의 종류 선택

(1) Arb(Load)을 누르고 내장된 파형을 선택

(2) BuiltIn(Sinc) 여기에는 다섯 가지의 임의파형이 있으며 Sinc를 선택합니다. Arb를 누르면 메인 메뉴로 복귀합니다.

2 주파수 설정

(1) Pulse(Freq/Period)를 누르고 Freq가 역상표시가 되도록 합니다.

(2) 키패드로 "8"을 입력하고 단위를 "MHz"를 선택합니다.

3 진폭 설정

(1) Ampl/HiLev를 누르고 Ampl가 역상이 되도록 합니다.

(2) 키패드로 "5"를 누르고 단위로 "Vrms"를 선택합니다.

4 오프셋 설정

(1) Offset/LoLev를 누르고 Offset이 역상이 되도록 합니다.

(2) 키패드로 "0"을 누르고 단위를 "V직류"로 선택합니다.

임의파형의 종류, 주파수, 진폭과 오프셋을 설정하고 난 후, 다음과 같이 파형이 표시됩니다.

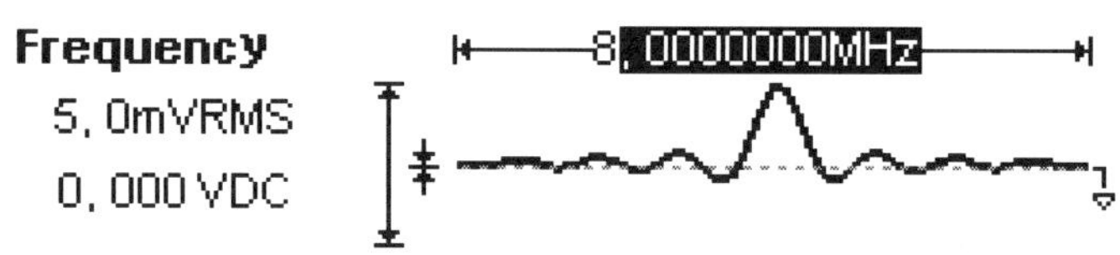

[그림 47] Sinc 파형 출력

지금 선택된 파형은 Arb키 모드에 있습니다. 이 파형은 키를 한번 누를 때 출력됩니다. 어떤 파형을 선택하든 확인 버튼은 Arb입니다.

7. 임의파형 발생하기

아래 그림(정의된 파형은 램프파형)과 같은 임의파형 발생하는 방법

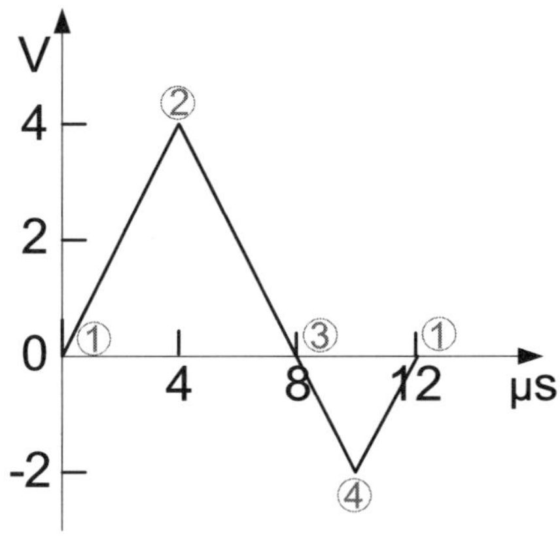

[그림 48] 임의파형 출력

조작 순서

1 새로운 파형 만들기

Arb > Edit > Creat 파형 편집 기능으로 들어갑니다. 파형은 시간과 포인트의 전압을 설정함에 따라 정의됩니다.

2 주기 설정

(1) Period 가 역상이 되도록 설정

(2) 키패드로 "12"를 입력하고 단위를 "μs"로 설정합니다.

3 전압 한계(limit) 설정

(1) Level Hi를 누르고 키패드로 "4"를 입력하고 단위를 "V"로 설정합니다, 즉 High Level은 4V입니다.

(2) LevelLo를 누르고 키패드를 이용하여 "2"를 누르고 단위를 "V"로 선택하면, 낮은 레벨은 2V로 됩니다.

4 초기화 포인트의 수

초기화 포인트를 "4"로 설정합니다.

5 보간 방법(Interpolation Method)을 선택합니다.

Interp.(Interpolation On)를 누르면 점과 점 사이를 선형으로 연결합니다.

6 파형포인트 편집하기

정의하고자 하는 파형에 대한 포인트 전압과 포인트의 시간을 편집합니다. 필요시 포인트를 삽입하거나 삭제합니다.

Points를 누르고 키패드를 이용하여 이동할 포인트를 설정합니다. 포인트에 대한 전압과 시간은 다음 표에 정의되어 있습니다.

〈표 19〉 포인트의 시간과 전압 설정

Point	Time	전압
1	0s	0V
2	4μs	4V
3	8μs	0V
4	10μs	2V

7 파형 저장하기

Save를 누르면 4개의 비휘발성 메모리 중에 한 곳에 파형을 저장합니다.

Store를 누르면 휘발성 메모리에 있는 파형이 저장됩니다. 내장 메모리에는 한 개의 파형만이 저장 가능하며 새로운 파형이 같은 곳에 저장시 이전의 파형은 지워집니다.

파형은 위의 단계를 동하여 발생되면 다음과 같은 파형이 표시됩니다.

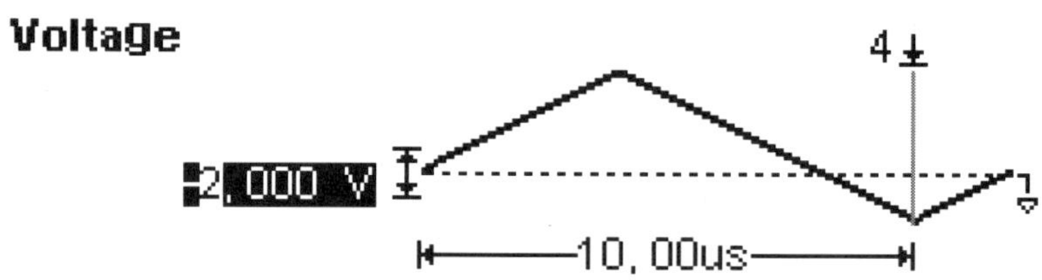

[그림 49] 자체 정의된 램프 파형

8. AM(진폭 변조)파형 발생하기

AM 변조폭 70%인 파형을 발생시키는 방법, 케리어는 2.5kHz 주파수를 가지고, 변조파는 150Hz 주파수인 사인파입니다.

조작 순서

1 케리어 기능 선택

Sine을 누르고 케리어 파형으로 사인파(Sine 파형)를 선택합니다. 소스원의 기본 설정은 내부(Int) 소스원입니다.

2 주파수, 진폭, 오프셋 설정

(1) Period/Freq를 누르고 Freq가 역상이 되도록 합니다. 키패드로부터 "2.5"를 입력하고 단위로 "kHz"를 선택하여 2.5kHz가 되도록 합니다.

(2) Ampl/HiLev를 누르고 Ampl가 역상이 되도록 합니다. 키패드로부터 "2"를 입력하여 단위를 "Vpp"로 선택합니다.

(3) Offset/LoLev를 누르고 Offset가 역상이 되도록 합니다. 키패드로 "0"을 입력하고 단위를 "V직류"로 선택합니다.

3 변조형태 AM설정

Mod(Type AM)을 누릅니다. 화면의 왼쪽 상단에 "AM"이 표시되어야 합니다.

4 변조율 설정

Depth를 누르고 키패드로 "70"을 선택하고 단위는, "%"를 선택하여 변조율이 70%가 되도록 합니다.

5 AM 주파수 설정

Freq를 선택하여 키패드로 "150"을 입력하고, 단위를 "Hz"로 선택합니다, 150Hz로 설정되었습니다.

6 변조파형 선택

Shape(Sine)으로 선택하면 변조 파형으로서 사인파를 선택한 것입니다.

화면의 왼쪽 상단에 "Sine"이라고 표시됩니다. 이때, 장비는 정의된 AM파형을 발생시킵니다. 그리고 다음과 같이 파형이 표시됩니다.

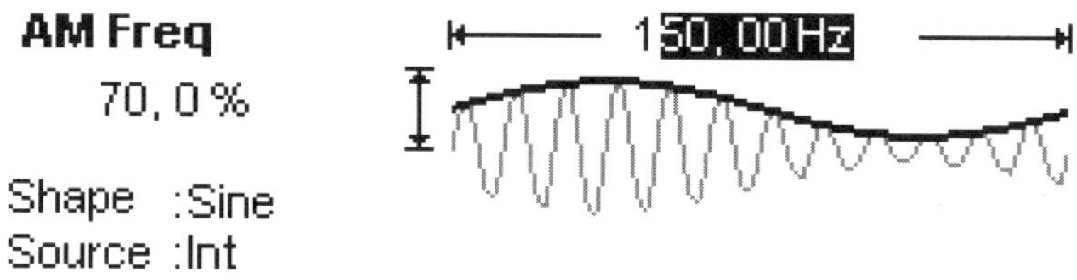

[그림 50] AM 출력

7 변조기능 끄기

Mod 키를 누르면 변조기능 선택모드는 취소됩니다.

9. FSK 파형 발생하기

FSK율이 200Hz인 FSK파형 발생하기, 케리어는 10kHz인 사인파이며 케리어 파형은 150Hz의 사인파입니다.

조작 순서

1 케리어 기능 선택

Sine을 누르고 케리어 기능으로서 사인파를 선택합니다. 소스원의 기본 설정은 내부(Internal)입니다.

2 주파수, 진폭, 오프셋 설정하기

(1) Period/Freq을 누르고Freq가 역상표시가 되게 합니다. 키패드로 “10”을 입력하고 단위를 “kHz”로 선택합니다.

(2) Ampl/HiLev를 누르고 Ampl가 역상표시가 되게 합니다. 키패드로 “2”를 입력하고 단위를 “Vpp”을 입력합니다.

(3) Offset/LoLev을 누르고 Offset가 역상표시가 되게 합니다. 키패드로 “0”을 입력하고 “V직류” 단위를 선택합니다.

3 변조 종류를 FSK설정

Mod > Type > FSK설정하면 화면의 왼쪽 상단에 “FSK” 표시가 됩니다.

4 FSK율 설정

FSKRate을 누르고 키패드를 사용하여 “200”을 입력하고, 단위는 “Hz”로 선택합니다. 그러면 FSK율이 200Hz로 설정됩니다.

5 호프(Hop)주파수 설정

HopFreq를 누르고 키패드로 "800"을 입력하고, 단위는 "Hz"를 선택합니다.
그러면 호프 주파수는 800Hz입니다.
이때 기기는 정해진 AM파를 출력하고 그 파형은 다음과 같이 파형이 표시됩니다.

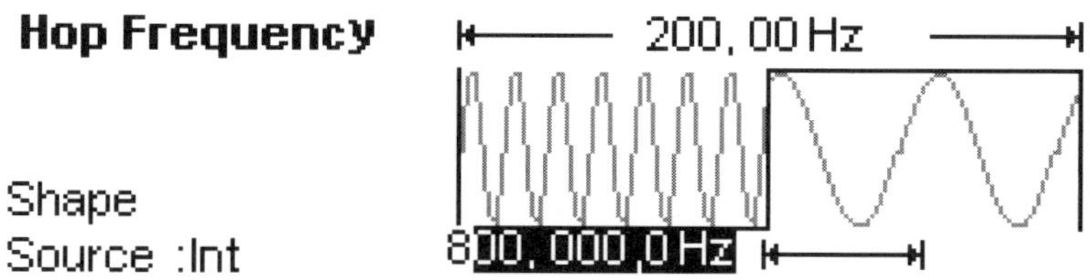

[그림 51] FSK 출력

10. PWM 파형 발생하기

변조 주파수 150Hz, 오프셋 25%인 PWM 파형 출력 하는 방법으로 케리어 파형은 주파수 1KHz, 오프셋이 25%, 에지 시간이 9ns인 펄스파형입니다.

조작 순서

1 케리어 파형의 종류(shape) 선택

Pulse를 누르고 케리어 파형으로 펄스 선택, 기본적으로 설정된 소스원은 내부 신호입니다.

2 케리어 파형의 주파수, 진폭, 오프셋 설정

(1) Freq/Period를 누르고 Freq를 역상표시가 나타나게 합니다. 키패드를 이용하여 "1"을 입력하고 단위를 "kHz"로 선택합니다.

(2) Ampl/Hile를 누르고 Ampl를 역상표시가 나타나게 합니다. 키패드를 이용하여 "5"를 입력하고 단위를 "Vpp"로 선택합니다.

(3) Offset/Lolev을 누르고 Offset를 역상표시가 나타나게 합니다. 키패드를 이용하여 "0"을 입력하고 단위를 "V직류"로 선택합니다.

(4) 모든 파라메터를 지정한 후 그래픽 1모드에서, 방금 설정한 내용을 그래프 모드에서 볼 수 있습니다.

3 변조형태로 PWM 선택

Mod 을 누르면 펄스파 인터페이스 모드에서 펄스폭 변조로 들어갑니다.

4 듀티비와 오프셋 설정

duty를 누르고 "25"를 입력하고 단위를 "%"로 설정합니다.

5 변조 주파수 설정

Freq를 누르고 "150"을 입력 후 단위를 "Hz"로 선택합니다.

6 변조파형의 종류 선택

Shape → Sine을 누르고 변조파형의 종류로 사인파를 선택합니다.

지금 함수발생기는 설정된 정보에 따라서 아래의 그림처럼 PWM 신호를 보냅니다.

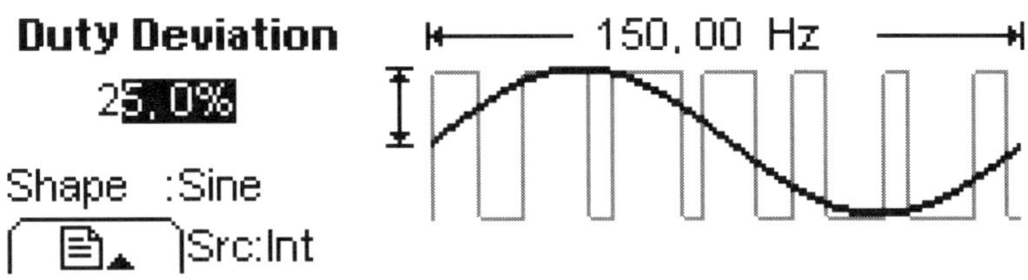

[그림 52] PWM 출력

7 변조기능 끄기

Mod키를 누르면 변조기능 선택모드는 취소됩니다.

11. 선형스위프(Linear Sweep)파형 발생하기

100H부터 10kHz까지 변화되는 사인 스위프 파형 출력하는 방법(내부 트리거 모드, 선형 스위프를 사용하고, 스위프는 1초입니다.)

조작 순서

1 스위프 기능 선택

Sine을 누르고 스위프 기능으로서 사인파형을 선택합니다. 내부 소스원이 기본 설정입니다.

2 주파수, 진폭, 오프셋 설정

(1) Period/Freq를 누르고 Freq가 역상 표시가 되게 합니다. 키패드로부터 "5"를 입력하고 "kHz"를 선택하여 5kHz로 설정합니다.

(2) Ampl/HiLev를 누르고 Ampl가 역상 표시가 되게 합니다. 키패드로 "2"를 입력하고 단위를 "Vpp"를 선택합니다.

(3) Offset/LoLev를 누르고 Offset가 역상 표시가 되게 합니다. 키패드로 "0"을 입력하고 단위로 "V직류"를 선택합니다.

이제, 설정된 스위프 파형 파라메터를 그래프 모드에서 볼 수 있습니다.

3 스위프모드(Sweep Mode) 선택

Mod(Linear/Log)를 누르고 Linear를 선택합니다. 이때 화면의 왼쪽 상단에 "Linear"가 표시됩니다.

4 스위프 시간(Sweep Time) 설정

Time을 선택하고, 키패드를 이용하여 "1"을 입력하고 단위를 "s"로 선택합니다. 설정된 스위프 시간은 1초입니다.

5 시작 주파수 설정

Start누르고 키패드르 이용하여 "100"을 입력하고 단위로서 "Hz"를 선택합니다, 이제 시작 주파수는100Hz입니다.

6 정지 주파수 설정

Stop을 누르고 키패드를 이용하여 "10"을 입력하고 단위는 "kHz"로 선택합니다, 정지 주파수는 10kHz로 설정되었습니다.

이제, 함수발생기는 100Hz부터 시작하여 10kHz까지 스위프하는 파형이 다음과 같이 파형이 표시됩니다.

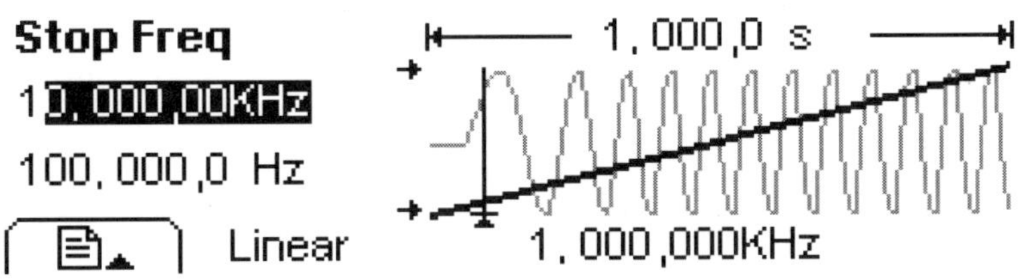

[그림 53] Sweep 파형 출력

참 고

중심주파수(Center frequency)와 주파수 스팬(span)을 설정하여 주파수 한계(limit)를 설정할 수 있습니다. 이러한 파라메터는 시작/정지 주파수와 같으며, 사용자에게는 좀 더 유연한 기능이 될 수도 있습니다. 똑같은 파형을 출력하기 위해, 중심주파수를 5.050kHz로 설정하고, 주파수 스팬(span)을 9.900kHz로 지정하면 됩니다.

12. 버스트(Burst) 파형 발생하기

사이클이 3, 주기는 10ms인 버스트 파형을 출력하는 것으로 기본으로 설정되어 있는 파라메터는 바꿀 필요가 없습니다. 내부 소스원과 0도 위상을 가집니다.

조작 순서

1 버스트 기능 선택

Square를 누르고 버스트 기능을 들어가기 위하여 구형파(Square 파형)를 선택합니다. 기본 설정은 내부 소스원입니다.

2 주파수, 진폭, 오프셋 설정

(1) Period/Freq를 누르고 Freq을 선택합니다. 키패드를 이용하여 "5"를 입력하고 단위를 "kHz"로 선택합니다.

(2) Ampl/HiLev를 누르고 Ampl 선택합니다. 키패드로 "5"를 입력하고 단위는 "Vpp"를 선택합니다.

(3) Offset/LoLev을 누르고 Offset을 선택합니다. 키패드로 "0"을 입력하고 단위는 "V직류"를 선택합니다.

그래프모드에서 스위프 파형 파라메터를 볼 수 있습니다.

3 스위프 모드(Sweep Mode) 설정

Burst(NCycle)로 N Cycle 모드 선택. 이때 화면의 왼쪽 상단에 "N Cycle"이라고 표시됩니다.

4 버스트 주기 설정

Period를 누르고 키패드를 이용하여 "10"을 선택하고 단위로 "ms"를 선택합니다. 주기는 10 ms입니다.

5 시작위상(Start Phase) 설정

Phase를 누르고 키패드로 "0"을 누르고, 단위는 "°"을 선택합니다. 시작 위상은 0°입니다.

6 버스트 사이클(Burst Cycles) 설정

Cycles를 누르고 키패드로 "3"을 입력하고 단위는 "Cy"를 누릅니다. 버스트 사이클은 3번입니다.

7 지연(Delay) 설정

Delay를 누르고 키패드를 이용하여 "200"을 입력하고, "μs"를 선택합니다. 이제 설정된 버스트 지연시간은 200μs 입니다.

이때, 정해진 10ms의 주기와 3-Cycle버스트 파형은 다음과 같이 파형이 표시됩니다.

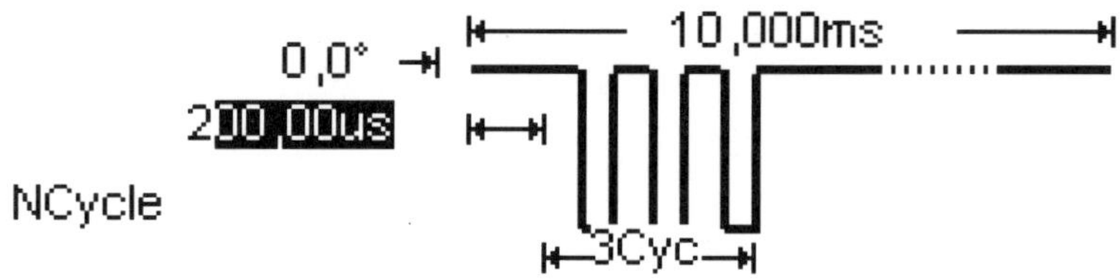

[그림 54] 버스트(Burst)파형 출력

memo

오실로스코프

(Oscilloscope)

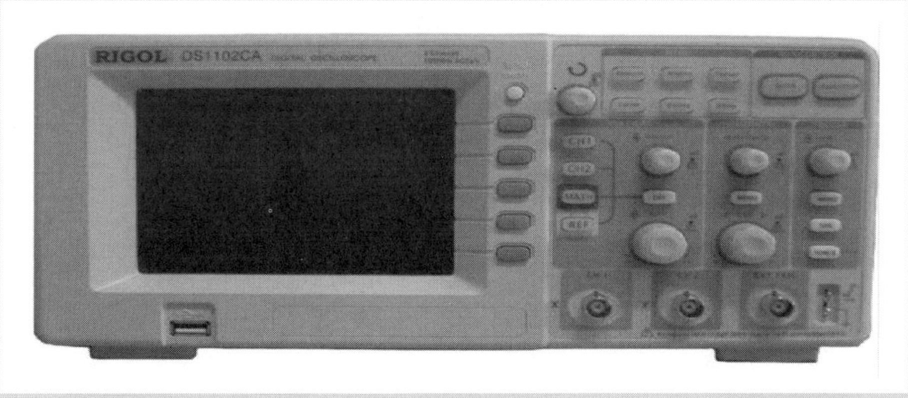

Chapter 08

오실로스코프 앞면 판넬 익히기

학습목표

1. 오실로스코프의 실물을 통해 익힐 수 있다.
2. 오실로스코프의 앞면의 판넬의 기능을 알 수 있다.
3. 오실로스코프의 뒤면 구성과 연결에 대해서 알 수 있다.

오실로스코프 잘 다루기 위해서 앞면 판넬에 익숙해지는 것입니다. 이 장에서는 노브나 키들의 위치와 이들을 어떻게 다루어야 하는지 알 수 있을 것입니다.

앞면 판넬에는 노브와 버튼들을 가지고 있습니다. 타사의 오실로스코프와 유사하며 가장 많이 사용하는 것이 노브들 입니다. 버튼들은 몇 가지 기능들을 바로 사용할 수 있게 할 뿐만 아니라, 화면상에 소프트버튼의 메뉴를 띄워 놓습니다. 이것은 좀 더 복잡한 기능, 연산, 기준, 동작 제어 등의 많은 측정기능을 사용하게 합니다.

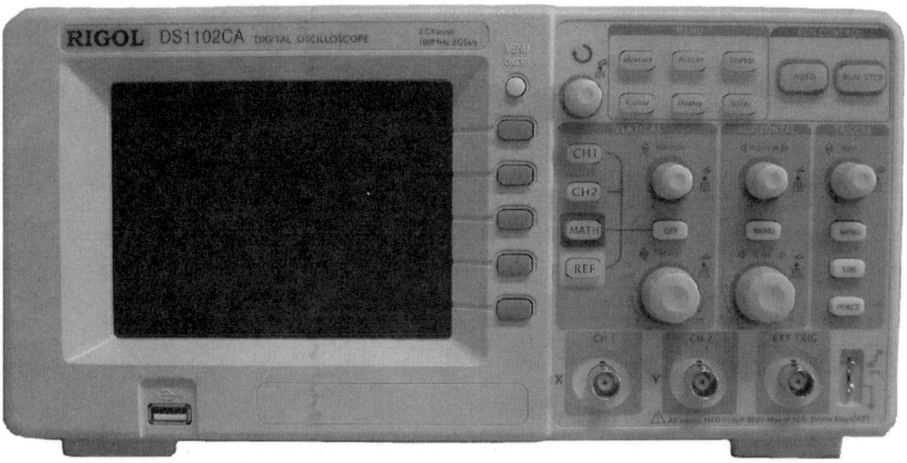

[그림 55] 오실로스코프의 앞면 판넬

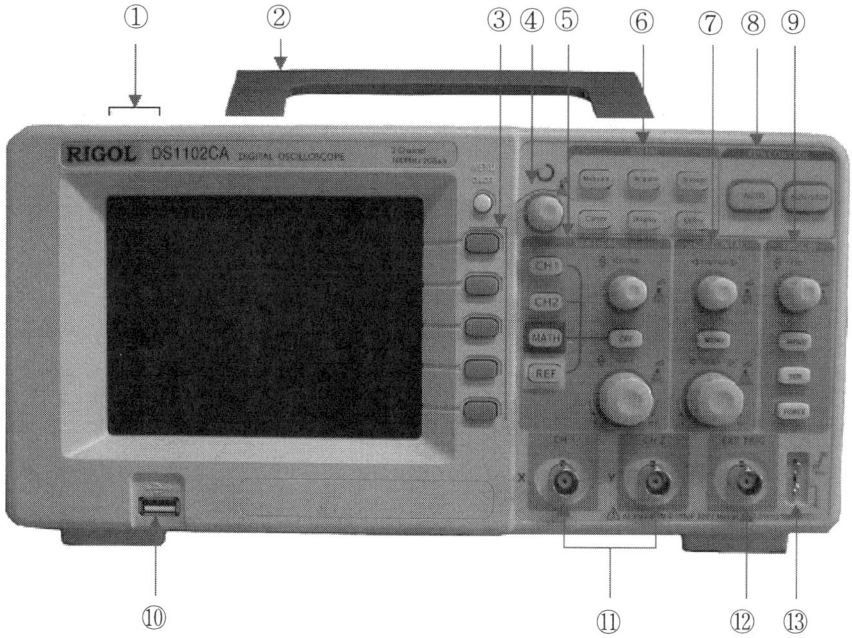

[그림 56] 오실로스코프 앞면 구성

1. 오실로스코프로 주요 버튼과 노브의 기능

※ 오실로스코프 판넬 앞면을 참조하여 해 주세요!

① 전원 버튼

② 손잡이

③ 기능(Function)버튼

LCD의 오른쪽 위에서 밑 부분까지 다섯 개의 회색 버튼들, 현재의 활성화된 메뉴에서의 동작을 선택할 수 있음

④ 노브(Knobs)

수직축 혹은 수평축의 제어를 위한 버튼, POSITION SCALE 과 trigger LEVEL

⑤ 수직(Vertical)버튼

CH1, CH2, MATH, REF 와 LA 메뉴, OFF 버튼은 현재의 파형설정 이나 활성화된 메뉴를 꺼지게 합니다(off).

⑥ 메뉴버튼

측정(Measure), 커서(Cursor), 데이터획득(교류quire), 디스플레이(display), 저장(Storage)과 유틸리티(Utility) 메뉴

⑦ 수평(Horizontal)버튼

수평축관련 메뉴

⑧ 실행버튼

자동(AUTO)과 수행/중지(RUN/STOP)를 제어하는 버튼들

⑨ 트리거(Trigger)버튼

트리거에 관련된 메뉴, 트리거 레벨을 50% 위치하거나 강제적 트리거

⑩ USB host interf교류e

⑪ 신호 입력 channel

⑫ EXT trigger 입력

⑬ Probe 보상기

2. 화면 설명

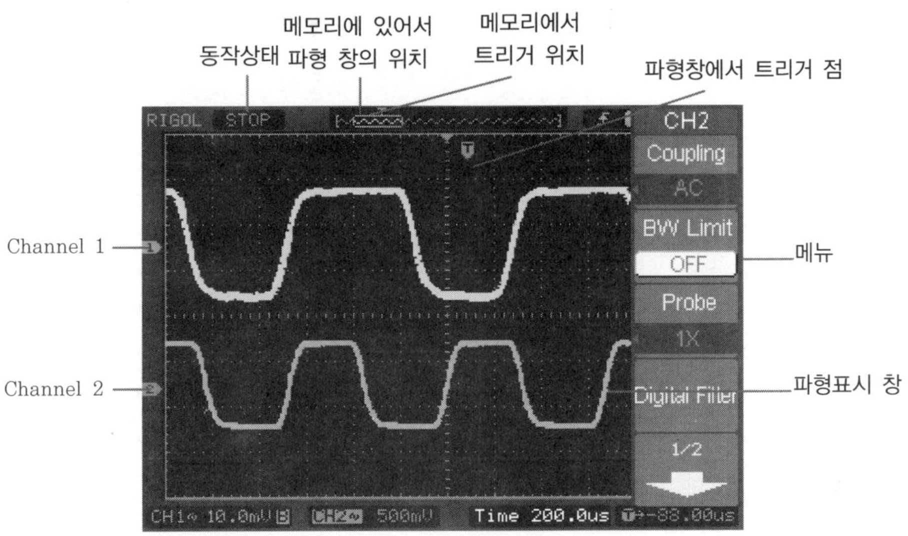

[그림 57] 디스플레이 화면(Analog channels only)

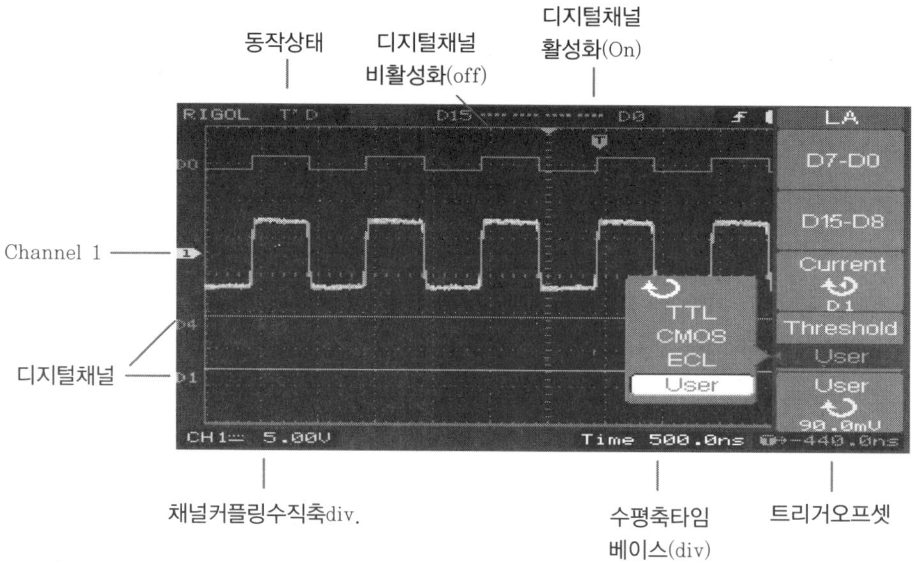

[그림 58] 사용자 인터페이스

memo

Chapter 09

오실로스코프의 설정과 측정

학습목표

1. 직접 작동을 통해 오실로스코프의 여러가지 기능을 설정할 수 있다.
2. 조작순서를 통해, 가능한 여러 가지 측정을 익힐 수 있다.
3. 오실로스코프를 직접 작동시켜 본다.

1. 프로브 보상

입력채널에 프로브를 매칭(matching)시키기 위한 조정을 수행합니다. 프로브를 처음 기기의 입력단에 사용하기 위해서 항상 이 단계는 꼭 수행하셔야 합니다.

1) 프로브(probe)메뉴에서 감쇄기를 10X에 넣습니다. 프로브에서도 10X 을 설정합니다. 프로브를 채널1에 연결합니다. 만일 프로브 후크팁을 연결하려면 프로브의 팁이 잘 고정될 수 있도록 연결합니다.
프로브 팁을 PROBE COMP connector에 연결하고 프로브의 기준 리드선을 프로브 보상단의 접지에 연결합니다. 채널1을 ON하고 AUTO를 누릅니다.

2) 표시된 파형을 점검하기

[그림 59] 보상수준

3) 필요에 따라서, 오실로스코프의 화면에 표시된 구형파가 완전한 구형파가 되도록 비금속재료로 프로브의 케패시터를 조절해 줍니다.

4) 필요시 반복합니다.

> ⚠ 경고 프로브를 사용하는 동안 전기적인 충격을 피하기 위하여, 절연된 케이블을 사용하시고 전압원이 연결된 경우에는 프로브의 앞부분인 금속부위를 만지지 마시기 바랍니다.

2. 수직축 창 설정하기

다음 그림은 Channels, MATH, REF, Logic Analyzer(CD only)와 OFF 버튼 수직축 위치 POSITION, 눈금 SCALE 노브를 보여줍니다. 다음 연습은 수직버튼, 노브, 상태바 등을 사용하는 방법을 알게 되며 수직축 파라메터를 설정하는데 도와 줄 것입니다.

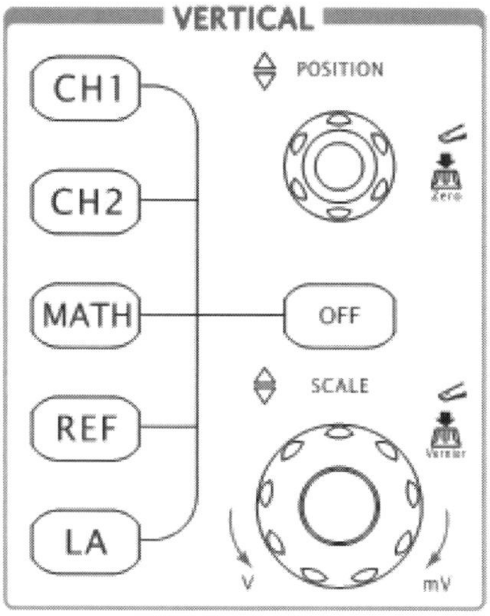

[그림 60] 수직축 설정 구성

1) POSITION 노브를 사용하여 신호를 화면의 중심에 놓기

POSITION 노브는 신호를 상하(수직방향)로 이동시킵니다.
POSITION 노브를 돌리면 접지 기준 값이 화면의 중심에서 얼마나 떨어져 있는지를 화면에 표시해 줄 것입니다. POSITION 노브를 돌리면 화면의 왼쪽의 그라운드(접지)표시가 같이 따라 움직이는 것을 볼 수 있습니다.

수직축 오프셋을 영(zero)로 설정하는 키

채널의 수직축 위치를 변경하기 위해서 POSITION 노브를 돌리게 됩니다.
POSITION 노브를 누르면 수직축의 오프셋을 영으로 하여 원위치하게 됩니다. 이 기능은 화면에서 파형이 벗어나거나 즉시 화면의 중심으로 가져오기를 원할 때 유용합니다.

2) 수직축 설정 변경 및 각각의 변경시 마다 상태 바(bar)는 다르게 보여줍니다. 화면상에서 상태 막대기로부터 수직축 설정을 빨리 지정할 수 있습니다.

1. SCALE 를 이용하여 수직 축 전압범위를 변경합니다. 이때 상태 막대기가 변경되는 모습을 보여줍니다.
2. CH1을 누릅니다.
3. 화면상에 소프트버튼이 나타나고 채널을 활성화시킵니다.
   (혹은 이미 On이 되어 있다면 그대로 유지함).
4. 소프트버튼을 변경 할 때마다 상태 막대기는 변경이 됩니다.
   채널 1, 2는 SCALE 노브를 작은 간격으로 정해진 범위를 변경할 수 있도록 소프트버튼을 가지고 있습니다. Volts/div 소프트 버튼을 누르면 미세조정(Fine)이나 넓은 간격(Coarse)으로 변경할 수 있습니다.
5. 채널을 끄기 위해서 OFF 버튼을 누릅니다.

Coarse/Fine 단축키

CH1 혹은 CH2메뉴에서 Volts/Div 키뿐만 아니라 수직축 SCALE 노브를 간단히 누름으로써 Coarse/Fine 전압범위 조정이 가능합니다.

3. 수평축 시스템 설정하기

메뉴 버튼 및 POSITION 과 SCALE 노브가 수평축 시스템입니다. 다음의 절차는 이러한 버튼, 노브, 상태바(bar) 등의 사용법을 나타냅니다.

[그림 61] 수평축 설정 구성

1) SCALE 노브를 돌리면 상태바가 변경되는 것이 보입니다.

수평축 SCALE 노브는 1 2 5 순서로 스위프 속도를 변경합니다. 그 값은 상태바에 나타납니다. 수평축 범위는 다음과 같습니다.

1ns/div*에서 50s/div입니다.

참고

수평축 스캔속도는 모델 별로 다양합니다.

지연스캔(Delayed Scan : 일종의 확대기능) 단축키

앞면 판넬의 수평축 영역에 있는 SCALE 는 한번 누르면 지연 스캔(줌)기능을 활성화 시키거나 비활성화 시킵니다. 이는 다음의 동작 메뉴 → Delayed와 같습니다.

2) 수평축 POSITION 노브는 화면에 보여준 신호를 파형창의 수평축으로 이동시킵니다.

수평축 오프셋을 영(0)으로 설정하는 단축키

POSITION 노브를 누르면 수평축 오프셋이 영으로 설정되며, 이 기능은 트리거 점이 화면밖에 있거나 화면의 중심으로 옮길 때 아주 편리합니다.

3) 메뉴 키를 누르면 시간(TIME)메뉴가 나타납니다. 이 메뉴는, 지연스캔모드(줌) 모드로 들어가거나 나갈 수 있습니다. 디스플레이를 Y-T, X-Y 혹은 ROLL 모드로 변환 가능하며, 수평축 POSITION 노브를 이용하여 트리거 오프셋을 조절할 수 있습니다.

수평축 위치제어

Trig-Offset : POSITION 노브를 돌릴 때 트리거 위치를 수평축으로 변경할 수 있습니다.

4. 오실로스코프 동기(trigger)시키기

다음 그림은 앞면 판넬에서의 트리거 제어영역을 보여줍니다. 여기에는 트리거 레벨 노브와 3개의 소프트 버튼이 있습니다. 다음은 이러한 트리거 버튼, 노브, 상태막대기 등을 통한 동작을 보여줍니다.

[그림 62] 트리거 제어 영역

1) 트리거 레벨 노브를 돌리면 화면이 변경되는 것을 보여줍니다.

오실로스코프는 LEVEL 노브를 돌리거나 50% 메뉴버튼을 누르면, 짧은 시간에 두 가지의 화면상에서 변화가 보입니다. 첫째, 트리거레벨은 화면의 아래 왼쪽에 표시됩니다. 만일 트리거가 직류결합이 되었다면 트리거 레벨 값은 전압 값으로 표시됩니다. 만일 트리거가 교류결합이 되었거나 LF가 거부 된다면, 트리거 영역에서 퍼센트(백분율)로 표시됩니다. 둘째, 트리거 레벨의 위치를 보여주는 줄이 생겨납니다(단, 교류결합이나 저주파(LF)제거가 되지 않은 경우).

双 트리거레벨을 영(0)으로 설정하는 단축키

LEVEL 노브는 트리거 레벨값을 변경시키며, LEVEL 노브를 누르면 트리거 레벨을 영(0)으로 하는 단축키가 됩니다.

2) 트리거 설정 변경시 상태 막대기는 다르게 변화됩니다.

트리거 제어 영역에서메뉴 버튼을 누릅니다. 트리거 설정을 선택할 수 있도록 화면에 소프트 버튼이 나타납니다. 다음 그림은 이러한 트리거 메뉴를 나타냅니다.

- 트리거모드(Mode) 버튼을 누르고 에지(Edge)를 선택
- 트리거 원(Source) 버튼을 누르고 CH1선택
- 트리거기울기(Slope) 버튼을 누르고 상승 에지 (Rising Edge) 선택
- 트리거 스위프(Sweep) 버튼을 누르고 자동(Auto) 선택
- 트리거 셋업(Set Up) 버튼을 누르면 다음 부 메뉴로 들어감

참고

트리거 종류, 기울기(slope)와 트리거 소스(source) 변화는 화면의 오른쪽 상단에 상태막대기와 연동되어 나타납니다.

3) 50%

50% 버튼을 누를 때마다, 오실로스코프의 트리거 레벨은 신호의 중심에 설정됩니다.

4) FORCE

이 버튼을 누르면 적절한 트리거 신호를 무시하고 신호를 인식합니다. “Normal” 혹은 “Single” 트리거 모드에서 사용됩니다. 이 버튼은 이미 정지된 신호인 경우에는 영향이 없습니다.

> **키 포인트**
>
> Holdoff : 오실로스코프가 다음 신호에 반응하기 이전의 시간 간격, 이 홀드오프 기간 동안 트리거 시스템은 트리거 시스템에 반응이 없습니다. 이 기능은 AM파형 같은 복잡한 파형을 관측하는데 유용합니다. Holdoff 버튼을 누르고 활성화 노브 (   ) 를 돌립니다. 그리고 홀드오프 시간을 조절하도록 돌립니다.

5. 파형 및 셋업(사용조건)의 저장 및 호출

다음 그림은 앞면에 있는 저장시스템에 대한 메뉴 버튼을 보여 주고 있습니다.

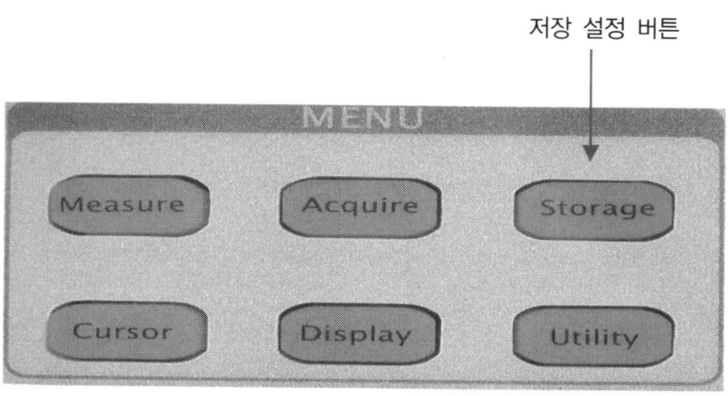

[그림 63]

저장시스템의 설정에 대한 메뉴의 팝업을 나타내주기 위하여 Storage 버튼을 누릅니다. 내부 메모리와 외부 메모리에 있는 파형과 설정(setup)은 저장하거니 호출이 가능합니다. 파형 파일은, 내부 메모리에서 Setup, Bitmap, CSV file은 만들거나 삭제 할 수 있습니다.

파형과 설정 조건(Waveform과 setup)에 대한 메뉴는 다음과 같습니다.

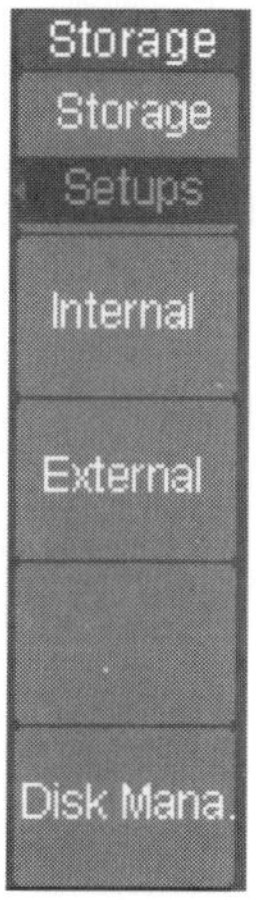

메뉴	설정	내용
저장 Storage	Waveform Setups Bitmap CSV F교류	파형의 저장 및 호출 기기 설정조건 저장 및 호출 Bitmap 파일 만들거나 삭제 CSV 파일 만들거나 삭제 공장 출하시 설정 조건 호출
Internal (내부)		내부메모리 동작 메뉴
외부 (External)		외부메모리 동작 메뉴
Disk Mana.		디스크 관리 메뉴

처음 설정 조건에 대한 메뉴는 다음과 같습니다.

메뉴	설정	내용
저장 Storage	Waveform Setups Bitmap CSV F교류	파형의 저장 및 호출 기기 설정조건 저장 및 호출 Bitmap 파일 만들거나 삭제 CSV 파일 만들거나 삭제 공장 출하시 설정 조건 호출
호출(Load)		공장 출하시 조건 및 파일 호출
Disk Mana.		디스크 관리 메뉴

CSV에 대한 메뉴는 다음과 같습니다.

메뉴	설정	내용
저장 Storage	Waveform Setups Bitmap CSV F교류	파형의 저장 및 호출 기기 설정조건 저장 및 호출 bitmap 파일 만들거나 삭제 CSV 파일 만들거나 삭제 공장 출하시 설정 조건 호출
데이터길이 Data Depth	Displayed Maximum	현재의 화면에 표시된 파형데이터를 CSV파일로 저장 메모리의 전체 파형데이터를 CSV 파일로 저장
파라메터 저장 Para Save	On Off	현재의 오실로스코프의 설정조건을 저장
External (외부)		외부메모리 기능 메뉴
Disk Mana.		디스크 관리 메뉴

Bitmap에 대한 메뉴는 다음과 같습니다.

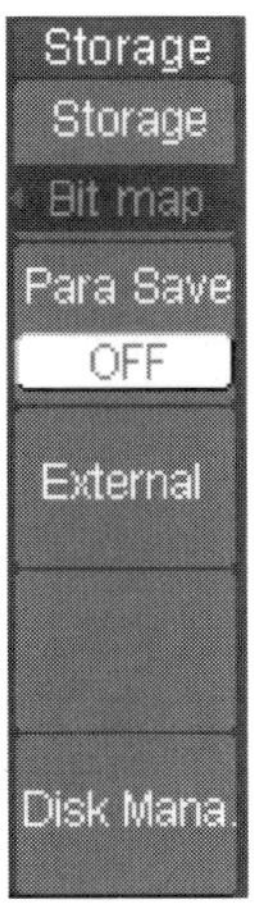

메뉴	설정	내용
저장 Storage	Waveform Setups Bitmap CSV F교류	파형의 저장 및 호출 기기 설정조건 저장 및 호출 bitmap 파일 만들거나 삭제 CSV 파일 만들거나 삭제 공장 출하시 설정 조건 호출
파라메터 저장 Para Save	On Off	현재의 오실로스코프의 설정조건을 저장
External(외부)		외부메모리 기능 메뉴
Disk Mana.		디스크 관리 메뉴

1) 내부메모리(Internal Memory)

Storage → Internal을 누르면 다음과 같은 메뉴가 나옵니다.

메뉴	설정	내용
내부 Internal	Int_00(N) Int_09(N)	내부메모리에서 파일의 위치를 설정
Load(호출)		내부메모리 위치에서 파형 파일이나 설정 파일을 호출
Save(저장)		내부메모리 위치에서 파형 파일이나 설정 파일을 저장

2) 외부메모리(External Memory)

Storage → External을 누르면 다음과 같은 메뉴가 나타납니다.

메뉴	설정	내용
Explorer	Path(경로) Directory File	경로(Path), Directory 그리고 File 중에 선택
파일(폴더) 만들기 Create		새로운 파일 혹은 폴더 만들기
파일(폴더) 삭제 Delete		파일(폴더) 삭제
Load(호출)		USB저장 장치에서 파형 및 설정조건을 호출

파일시스템은 다음과 같습니다.

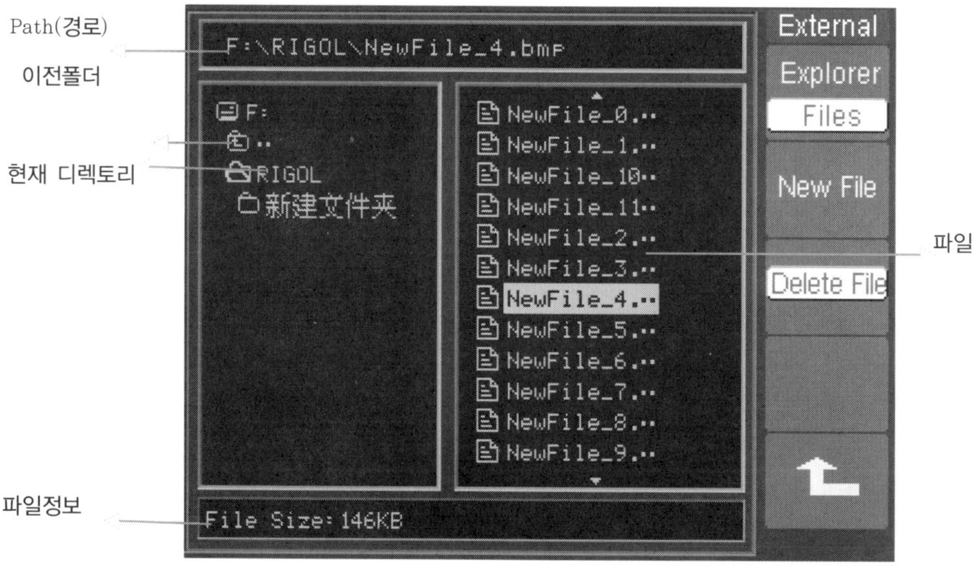

[그림 64] 파일 시스템 디렉토리

3) 디스크 관리(Disk Manage)

Storage → Disk Mana.를 누르면 다음과 같은 메뉴가 나타납니다.

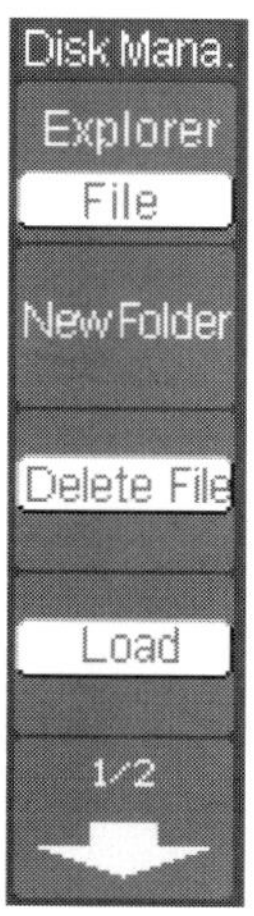

메뉴	설정	내용
Explorer	Path Directory File	경로(Path), Directory 그리고 File 중에 선택
새폴더		새폴더 만들기(새파일과 같음)
파일제거		파일 삭제
Load(호출)		파형(waveform), 설정조건(setup), 기록된 파형, Pass/Fail 파일 불러오기

메뉴	설정	내용
새이름 Rename		새파일 이름 쓰기
Disk info		디스크정보 표시

6. 커서 측정하기

다음 그림과 같이 앞면 판넬에서 Cursor 버튼을 누립니다.

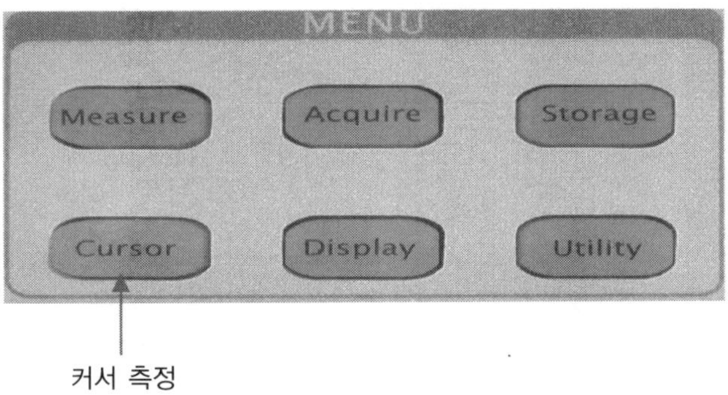

[그림 65] 커서 측정메뉴

커서 측정에는 3가지의 모드가 있습니다(Manual, Tr교류k, Auto Measure).

1) Manual(수동)

이 모드는 화면 두 개의 평행 커서가 있습니다. 사용자는 신호상에서 측정하고자 하는 전압과 시간 측정을 하기 위하여 커서를 이동 시킬 수 있습니다. 그 값은 아래 메뉴의 박스에 표시됩니다. 커서를 사용하기 전에, 사용자는 측정하고자 하는 채널을 소스원으로 설정해야 합니다.

2) Tr 교류 k(추적)

이 모드에도 화면상에 두 개의 커서가 있습니다. 가로 커서는 파형 상에서 위치를 자동적으로 설정합니다. 사용자는 다기능 노브( )를 돌리면서 파형의 수평축 위치를 조절합니다.

3) Auto Measure(자동측정)

이 모드는 자동 측정에 영향을 미칩니다. 기기는 파라메터를 측정할 때 자동적으로 커서가 표시됩니다. 이 커서들은 이러한 측정의 물리적인 의미를 표시합니다.

참 고

> 커서 측정에 대한 자동 측정모드는 파라메터 자동측정이 아니면 해당사항이 없습니다.

7. 파라메터 자동 측정 기능

메뉴 영역에서 Measure 버튼을 누르면 파라메터의 자동측정 기능이 수행됩니다. 아래의 지침은 측정기능에 대하여 언급합니다.

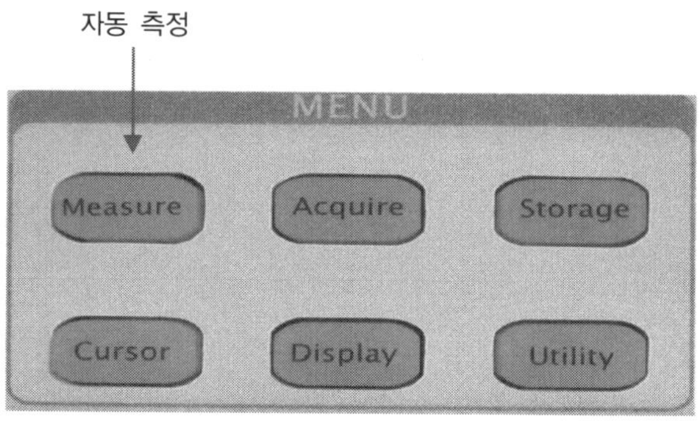

[그림 66] 자동 측정 메뉴

[메뉴 설명]

Measure 버튼을 누르면 자동 측정에 대한 메뉴가 표시됩니다.

오실로스코프는 20가지의 자동측정 파라메터를 제공하는데, 여기에는 Vpp, Vmax, Vmin, Vtop, Vbase, Vamp, Vavg, Vrms, Overshoot, Preshoot, Freq, Period, Rise Time, Fall Time, Delay1 2, Delay1 2, +Width, Width, +Duty, Duty가 있습니다. 즉 10가지의 전압과 10가지의 시간에 대한 측정 항목입니다.

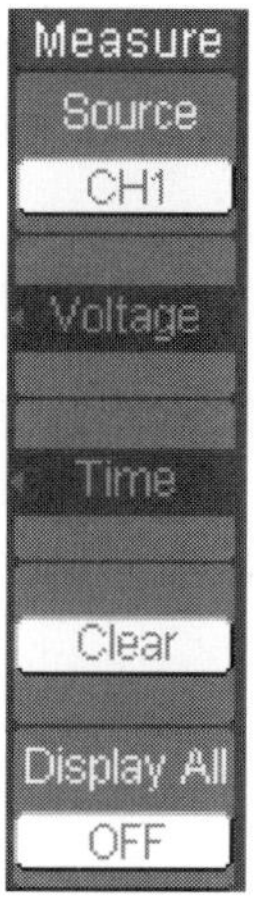

메뉴	설정	내용
Source	CH1/CH2	자동측정 소스로CH1 혹은 CH2 설정
전압		전압 파라메터 측정항목 설정
Time		시간 파라메터 측정항목 설정
Clear		화면상에 측정 결과를 지움
Display All	OFF/ON	모든 측정결과를 Off/모든 측정결과를 ON

조작 순서

1 측정하기 위한 신호채널을 선택합니다. 관심 있는 신호에 따라서 CH1 혹은 CH2를 선택합니다.
다음과 같이 버튼을 누릅니다. Measure → Source → CH1 혹은 CH2

2 모든 측정값을 보기 위하여, Display All 을 ON하면 18개 파라메터가 화면에 표시됩니다.

3 측정하고자하는 파라메터의 페이지를 선택하는데 다음 버튼을 누름에 의하여 시간 혹은 전압 파라메터 페이지를 선택합니다.
Measure → 전압 혹은 time → Vmax, Vmin ……

4 측정치를 화면에 표시하기 위하여. 사용자는 메뉴의 오른쪽에 소프트 버튼을 눌러 파라메터를 선택 할 수 있습니다. 만일 데이터가 "*****" 표시된다면, 현재의 조건에서 파라메터가 측정 불가능함을 나타냅니다.

5 측정치 지우기. Clear를 누르면 모든 자동 측정 파라메터 값이 화면에서 사라집니다.

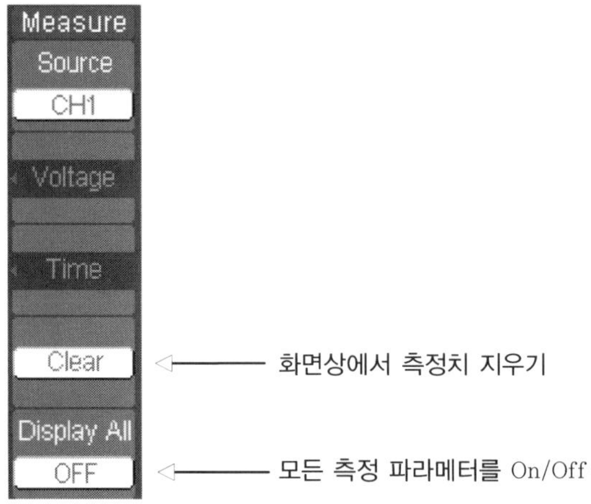

8. 파라메터의 자동 측정

1) 전압 파라메터의 자동 측정

오실로스코프는 Vpp, Vmax, Vmin, Vavg, Vamp, Vrms, Vtop, Vbase, Overshoot, Preshoot와 같은 자동 전압 파라메터를 측정합니다. 다음 그림은 어떠한 전압 측정 포인트를 가진 펄스를 보여 주고 있습니다.

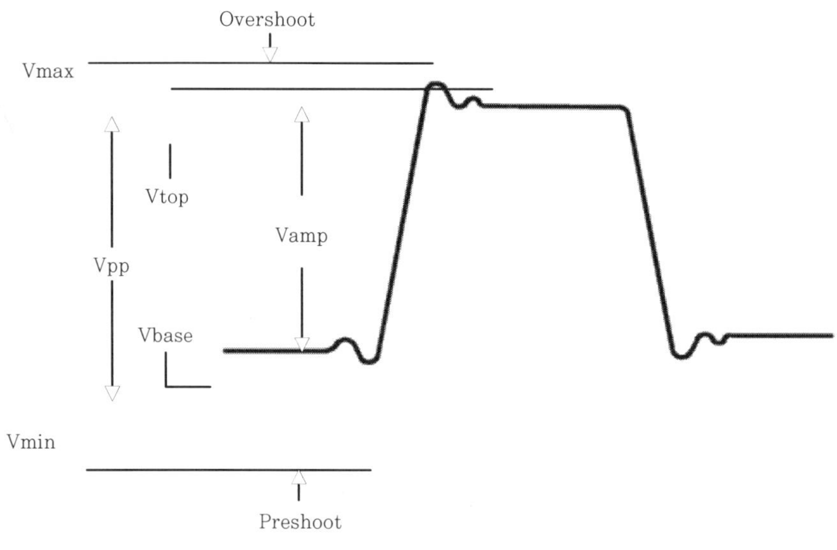

[그림 67] 전압 파라메타 측정 예

① Vpp

전압의 피크 - 피크치

② Vmax

최대 진폭치(전체 파형에서 가장 양(+)으로 피크가 되는 값)

③ Vmin

최소 진폭치(전체 파형에서 가장 음(−)으로 피크가 되는 값)

④ Vamp

Vtop - Vbase

⑤ Vtop

파형의 평평한 부분의 첨두 전압치, 구형파와 펄스파에 사용

⑥ Vbase

파형의 평평한 부분의 기준 전압치, 구형파와 펄스파에 사용

⑦ Overshoot

(Vmax - Vtop)/Vamp로 정의, 구형파와 펄스파에 사용

⑧ Preshoot

(Vmin - Vbase)/Vamp로 정의, 구형파와 펄스파에 사용

⑨ Average

전체 파형에 대한 산술 평균

⑩ Vrms

전체 파형에 대한 실효 전압치

2) 시간 파라메터의 자동 측정

오실로스코프는 Frequency, Period, Rise Time, Fall Time, +Width, Width, Delay 1 → 2, Delay 1 → 2, +Duty, Duty에 대한 시간 파라메터의 자동 측정을 포함하고 있습니다.

다음 그림은 어떠한 시간 측정포인트를 가진 펄스를 보여 주고 있습니다.

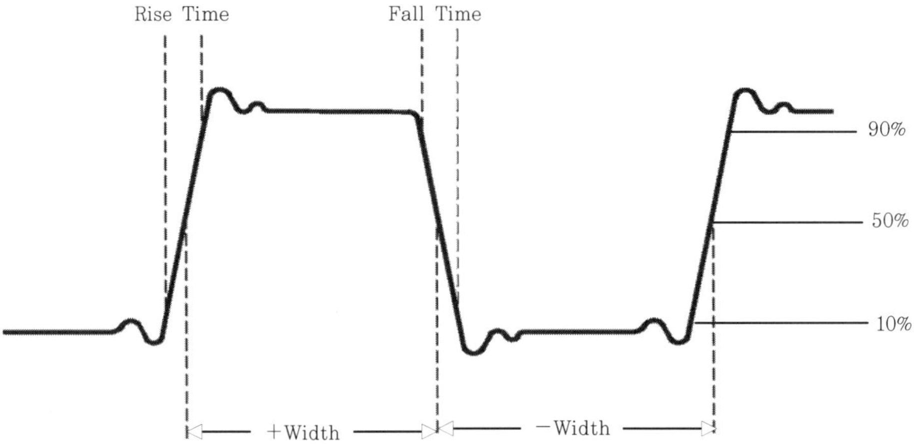

[그림 68] 시간 파라메타 측정 예

① Rise Time

파형에 있어서 진폭의 10%에서 90%까지 이르는 첫 번째 펄스의 상승 에지의 시간

② Fall Time

파형에 있어서 진폭의 90%에서 10%까지 이르는 첫 번째 펄스의 하강 에지의 시간

③ +Width

50% 진폭점에서의 첫 번째 양(+)의 펄스 폭

④ −Width

50% 진폭점에서의 첫 번째 음(−)의 펄스 폭

⑤ Delay 1 → 2 

상승 에지에서 두 채널 사이의 지연 시간

⑥ Delay 1 → 2 

하강 에지에서 두 채널 사이의 지연 시간

⑦ +Duty

+Duty Cycle(듀티 사이클), 정의는 (+Width/Period)

⑧ −Duty

−Duty Cycle(듀티 사이클), 정의는 (−Width/Period)

9. 디스플레이 시스템 설정

다음 그림은 앞면 판넬에서 디스플레이 시스템에 대한 메뉴 버튼을 보여줍니다.

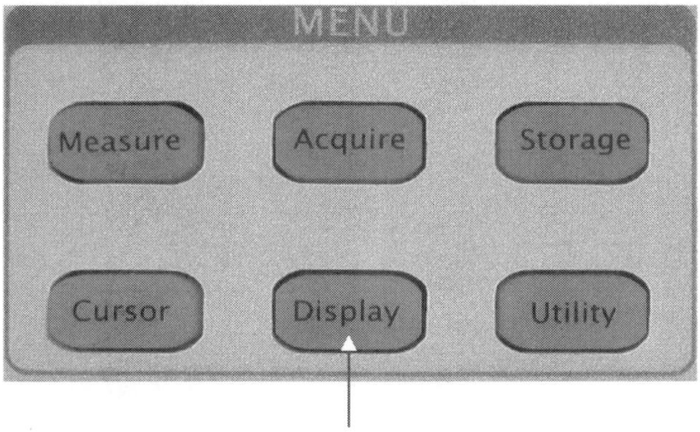

디스플레이 설정 버튼

[그림 69] 디스플레이 설정메뉴

Display를 누르면 디스플레이 시스템에 대한 팝업메뉴 창이 뜹니다.

메뉴	설정	내용
형태(Type)	Vectors Dots	벡터로 파형 표시 점으로 파형표시
지우기 Clear		화면에 모든 파형을 지움
지속 persist	Infinite (무한) OFF	"OFF"될 때까지 샘플데이터를 계속 표시함 지속 기능 끄기
밝기 Intensity	〈퍼센트〉	파형 밝기 설정

메뉴	설정	내용
눈금격자 Grid		화면상에 좌표눈금 형식으로 표시 눈금형태 끄기 눈금과 좌표형식을 끄기
밝기 Brightness	〈퍼센트〉	눈금 밝기 조절
메뉴 Display	1s 2s 5s 10s 20s Infinite(무한)	메뉴창이 사라지기 전 시간을 설정. 메뉴는 마지막 눌러진 버튼을 기억하고 숨겨져 있습니다.
Screen	Normal Invert	NORMAL모드 설정 화면의 색상을 반전시킴

참 고

1. 표시형태(Display type) : 표시형태는 벡터와 점을 포함합니다. 벡터형태에서 오실로스코프는 직선성과 sin(x)/x를 포함한 디지털 보간법을 통하여 점으로 연결합니다. Sin(x)/x 보간법은 실시간 샘플링에 적합하며, 50ns 혹은 그 이상 시간 축에 효과적입니다.
2. 갱신율(Refresh rate) : 이것은 디지털 오실로스코프에서 아주 중요합니다. 이것은 오실로스코프의 초당 화면 갱신 시간을 의미하며 신호관측 성능에 영향을 미칩니다.

화면 밝기 조절

다기능 노브( )를 이용하여 화면 밝기를 조절합니다.

10. 유틸리티 설정

다음 그림은 앞면 판넬에서 유틸리티의 메뉴 버튼을 나타내었습니다.

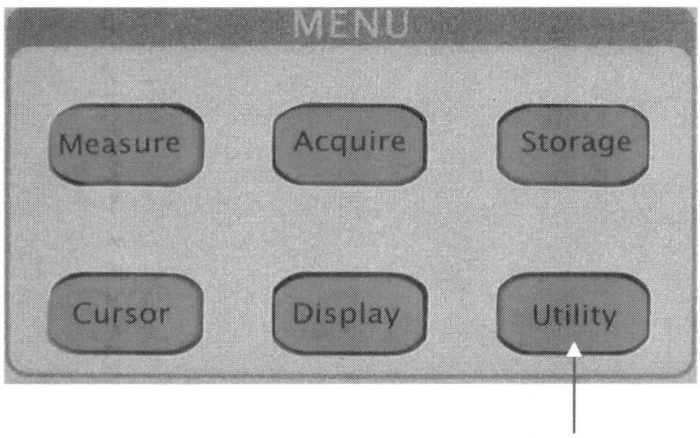

[그림 70] 유틸리티 설정 메뉴

유틸리티 설정을 위해서 Utility버튼을 누르면 메뉴의 창이 뜹니다.

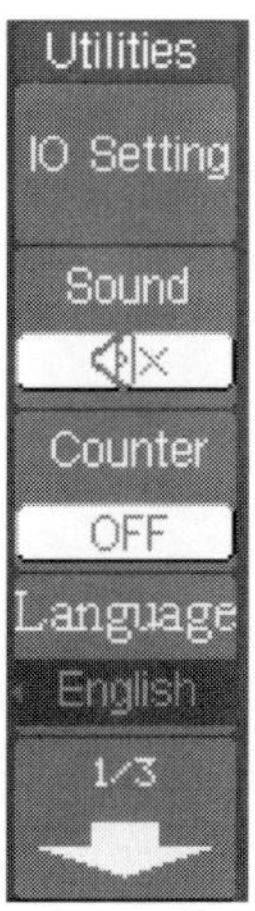

메뉴	설정	내용
I/O 설정		I/O 구성 설정
소리 Sound	(ON) (OFF)	비프음 on/off
카운터 Counter	OFF ON	주파수 카운터 기능 Off 주파수 카운터 기능 ON
언어 Language	简体中文 繁体中文 English 日本语 한국어 Fran ais	언어 선택

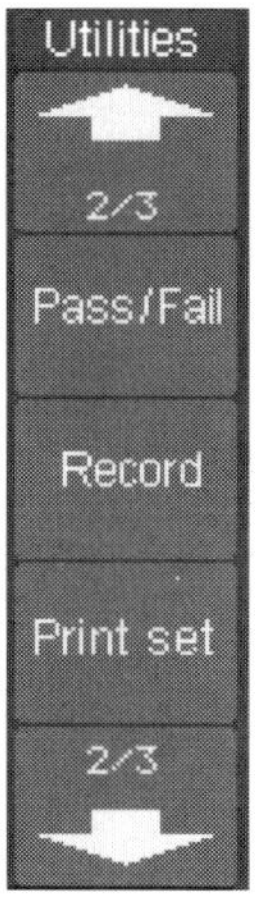

메뉴	설정	내용
합격/불합격 Pass/Fail		합격/불합격 시험(Pass/Fail test)
Record		파형기록기 설정
Print set		프린터 설정

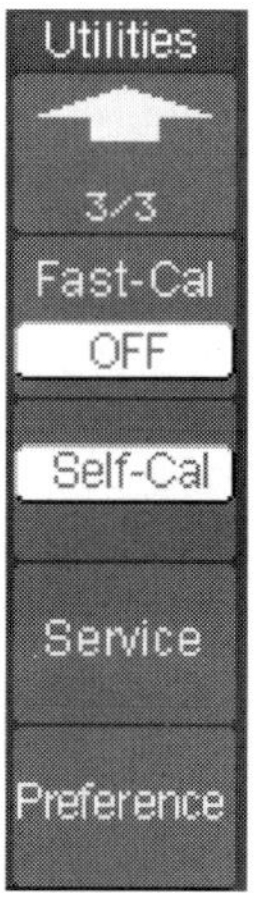

메뉴	설정	내용
빠른 교정 Fast Cal	ON OFF	빠른 교정 On 빠른 교정 Off
자체교정 Self Cal		자체 교정 수행
서비스 Service		서비스메뉴로 감
선호 Preference		선호(preference) 메뉴

참고

1. 빠른 교정(Fast-Cal) : 빠른 교정기능을 선택했을 때 오실로스코프는, 동작 시간에 따라 수직폭 오프셋을 여러 번 수행합니다.
2. 자체 교정(Self-Cal) : 오실로스코프는 수직축 시스템(CH1, CH2, Ext), 수평축 시스템, 트리거 시스템을 교정합니다.

I/O 설정(setup)

Utility → I/O setting을 누르면 다음 메뉴로 갑니다.

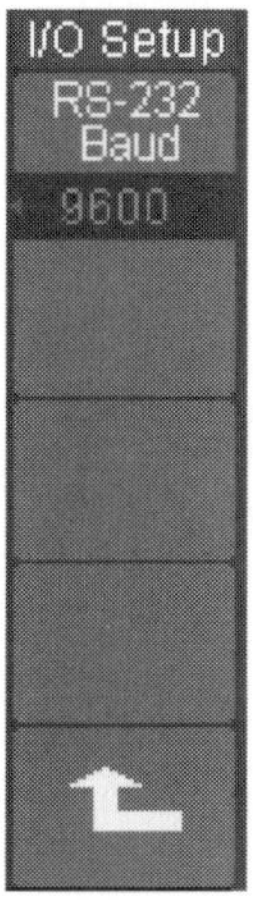

메뉴	표시	내용
RS 232 통신속도(Baud)	300 38400	RS 232 통신속도 (300, 2400, 4800, 9600, 19200, 38400bps

11. 컴퓨터 인터페이스

1) 컴퓨터에서 오실로스코프 화면의 파형을 그대로 불러오거나 컴퓨터에서 오실로스코프를 제어한다.

2) 사용절차

- Ultrascope software를 컴퓨터에 설치
- USB cable을 컴퓨터와 오실로스코프에 연결(그림 참조)
- 오실로스코프 전원 <On>
- Ultra-scope 실행(Connection - on)
- 불러온 파형을 file-save를 통하여 저장

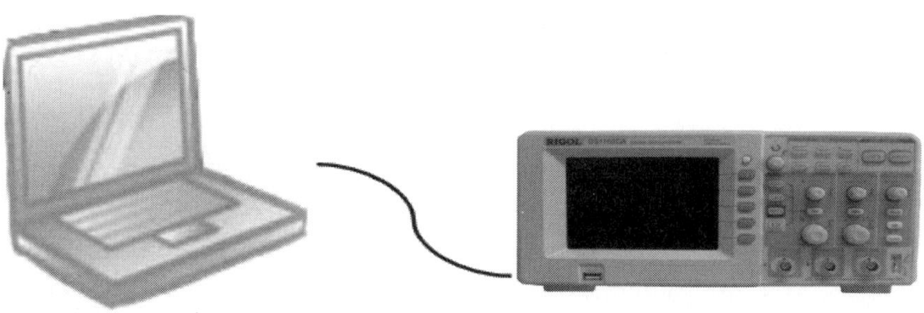

[그림 71] 컴퓨터와 오실로스코프의 인테페이스

memo

Chapter 10

오실로스코프 직접 다루기

학습목표

1. 직접 작동을 통해 오실로스코프의 여러 가지 기능을 익힐 수 있다.
2. 오실로스코프를 직접 작동시켜 본다.

1. 간단한 측정하기

이 예제는 알려지지 임의의 신호에 대한 주파수와 피크치-피크치 진폭을 측정하여 표시 합니다.

조작 순서

1. 프로브를 연결하고 채널 감쇄기를 10×(10배)로 선정합니다.
2. 프로브로 CH1에 신호를 입력합니다.
3. AUTO 버튼을 누릅니다.
   오실로스코프는 수직폭, 수평축 그리고 트리거 제어를 최상의 상태로 자동적으로 설정합니다. 파형의 디스플레이를 최적화하기 위하여, 사용자의 요구에 따라서 이러한 제어를 수동으로 조정할 수 있습니다.

자동측정 설정하기

오실로스코프는 대부분의 신호에 대하여 자동 측정을 할 수 있습니다. 주파수와 피크치-피크치 크기를 측정하기 위해 다음과 같은 순서로 진행합니다.

1 Peak peak 진폭 측정하기

Measure → Source → CH1을 측정 소스원으로 선택

전압 → Vpp(peak to peak) 측정을 선택하면 결과가 화면상에 나타납니다.

2 주파수 측정하기

Measure → Source → CH1을 측정 소스원으로 선택

Time → Freq주파수 측정을 선택하면 결과가 화면상에 나타납니다.

참 고

주파수, 주기, 피크치 측정은 화면상에 보여주며, 주기적으로 업데이트 됩니다.

2. 회로에 의하여 발생되는 신호의 지연 관측

이 예제는 회로의 입력과 출력신호를 시험하고 신호지연을 관측하기 위한 것입니다. 첫째, 프로브를 연결하고 감쇄기를 10:1로 설정합니다. 입력신호를 CH1에 연결하고 출력신호를 CH2에 연결합니다.

조작 순서

1 신호 표시하기(CH1 and CH2)

(1) AUTO 버튼을 누릅니다.

(2) SCALE 노브를 이용하여 수직축과 수평축 눈금에 대한 적정한 범위를 지정합니다.

(3) CH1 선택을 위해서 CH1 버튼을 누르고, 수직축 POSITION 노브를 돌리면서 Ch1의 파형을 수직축의 적절한 위치로 조정합니다.

(4) CH2 선택을 위해서 CH2 버튼을 누르고, 수직축 POSITION 노브를 돌리면서 Ch2의 파형을 수직축의 적절한 위치로 조정합니다.

2 신호가 회로를 통과할 때 지연 시간 측정

지연(Delay) 자동 측정

1 Measure → Source → CH1로 측정 소스 선택

2 측정형태에 있어서 Time 선택

3 Delay 1 > 2를 누르면 화면상에 그 결과를 표시합니다.

다음 그림과 같은 파형의 변화를 볼 수 있습니다.

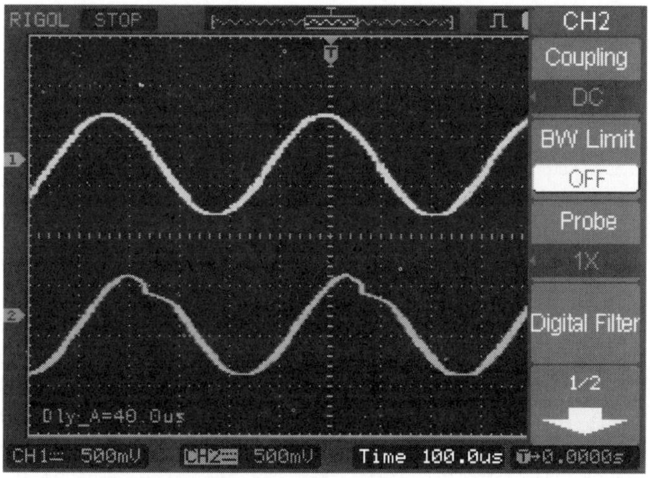

[그림 72] 신호의 지연 측정

3. 단파(Single shot)측정

싱글 이벤트를 잡기 위하여 사용자는 트리거 지식을 조금 더 알아야 합니다. 즉, 트리거 레벨과 경사(Slope)에 대한 사전 지식이 중요합니다. 예를 들어 이벤트가 TTL 신호 에서 발생될 경우 2V의 트리거 레벨이 상승 에지에서 작동되어야 합니다.

다음은 싱글 이벤트를 잡기 위하여 오실로스코프의 설명순서를 보여줍니다.

1) 프로브를 연결하고 채널의 감쇄기를 10 : 1로 선택합니다.

2) 트리거 설정

(1) 메뉴표시를 하기 위하여 트리거 제어에서MENU 버튼을 누릅니다.

(2) 트리거 모드에서 Edge 선택

(3) Slope를 Rising 선택

(4) Source를 CH1 선택

(5) Sweep를 Single

(6) Set Up → Coupling을 직류

3) 신호에 대한 적절한 범위에서 전압축(volts/div)과 시간축(time base)을 조정하기 위하여 ◎SCALE 을 이용합니다.

4) 트리거 레벨은 ◎LEVEL 노브를 이용합니다.

5) 신호를 잡기 위하여 RUN/STOP 버튼을 누릅니다. 트리거 조건이 맞을 때 오실로스코프가 얻은 데이터 포인트를 표시합니다.

이 기능은 큰 진폭을 가진 노이즈처럼 쉽게 발생 할 수 있는 신호를 잡는데 유용합니다. 트리거레벨을 일반적인 레벨보다 약간 높게 설정하고 RUN/STOP을 누르고 기다립니다. 노이즈가 발생될 때, 장비는 트리거 이전과 이후 파형을 기록할 것입니다. 수평축 제어 영역에서의 ◎POSITION 버튼을 이용하여 트리거의 레벨 위치를 변경하면 반전되어 있는 지연 트리거가 이루어 질 것입니다. 이것은 노이즈 발생이전의 파형을 관측 하는데 아주 유용합니다.

4. 신호에서 무작위 노이즈 줄이기

만일 오실로스코프에 인가된 신호가 노이즈가 많은 경우(그림 참조), 파형에서 노이즈를 줄이기 위해서 오실로스코프를 설정할 수 있고 신호 자체에 대한 간섭을 피할 수 있는 방법은 다음과 같습니다.

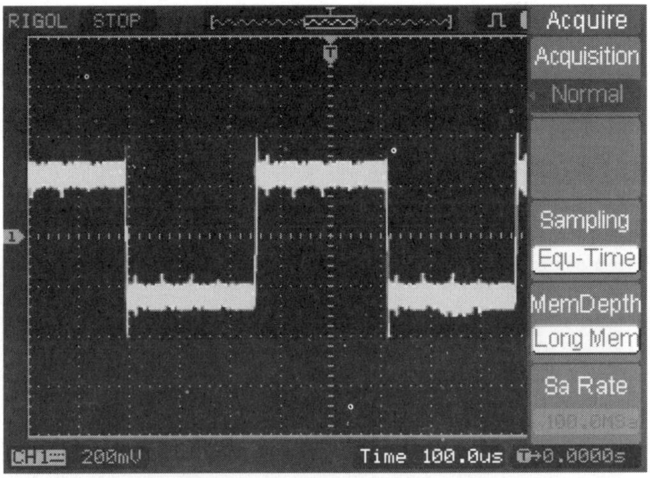

[그림 73] 노이즈를 가진 신호

1) 프로브를 연결하고 채널의 감쇄기를 10:1로 선택합니다.

2) 신호를 오실로스코프에 연결하고 안정적인 디스플레이를 얻습니다.

3) 커플링(Coupling)을 이용하여 트리거 하기

(1) 트리거 제어 영역에서 MENU를 누릅니다.

(2) Set Up → Coupling → LF Reject 혹은 HF Reject

HF Reject(고주파 제거) 150khz에 3dB 컷오프가 되는 저주파 필터를 사용합니다. 트리거 경로에서 AM 혹은 FM 방송국과 같은 고주파 노이즈 성분을 제거하기 위하여 사용합니다. LF Reject(저주파 제거) 8khz에 3dB 컷오프가 되는 고주파 필터를 사용합니다. 트리거 경로를 통한 전원선 노이즈와 같은 저주파를 제거하기 위하여 사용합니다.

4) 데이터 획득 형태, 파형 밝기를 조절하여 노이즈 줄이기

(1) 만일 신호에 노이즈가 있거나 파형이 너무 넓게 보인다면 평균 획득 모드를 이용할 수도 있습니다. 이 모드에서 파형은 얇게 보이고 관측 및 측정이 쉽게 됩니다.

다음의 단계로 평균모드를 이용합니다.

- 교류 quire → 교류 Acquisition → Average
- Averages 버튼을 누르고 표시된 파형에서 노이즈를 제거하기에 가장 적합한 평균의 수를 선택합니다.

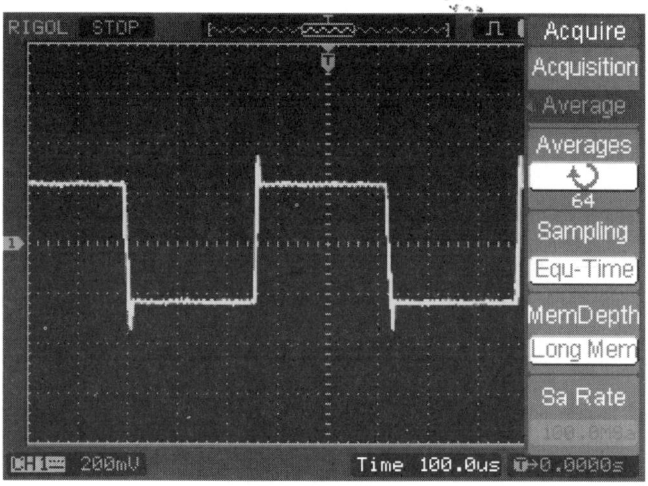

[그림 74] 노이즈 제거 신호

(2) 노이즈를 줄이기 위하여 파형의 감도(밝기)로 조절할 수 있다.

참 고

화면 갱신율은 평균 획득모드가 On이 되면 늦어질 수도 있습니다.

5. 커서 측정하기

오실로스코프로 자동 측정이 가능한 파라메터는 20가지입니다. 이러한 파라메터들은 커서를 사용하여 측정이 가능합니다. 사용자는 파형에서 시간과 전압을 신속히 측정하기 위하여 커서를 사용할 수 있습니다.

첫 번째 동기된 파형의 피크치 주파수 측정

신호의 상승에지에 상승 주파수를 측정하기 위하여 다음의 단계를 수행합니다.

1. Cursor를 누르면 커서 메뉴가 나타납니다.
2. Mode를 Manual 모드
3. Type을 X로 선택
4. 노브(↻)를 돌려 커서A가 파형의 첫 번째 피크치에 위치하게 함
5. 노브(↻)를 이용하여 파형의 두 번째 피크치에 커서 B가 오게 함

그러면 두 커서간의 차이인 시간과 주파수를 보여줍니다.

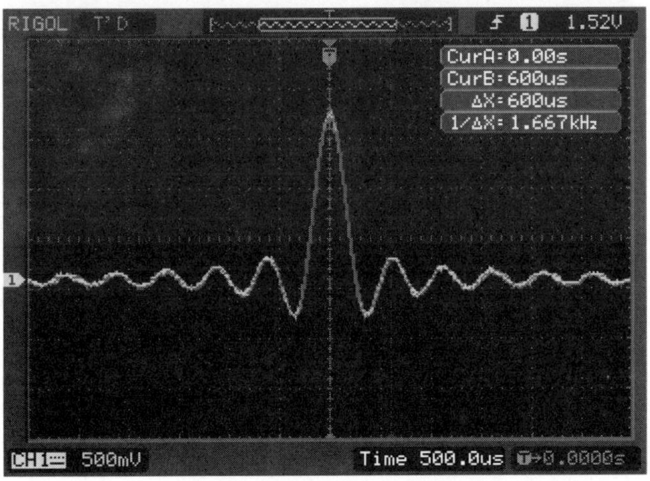

[그림 75] 주파수 측정 화면

첫 번째 동기된 파형의 피크치 주파수 측정

1 Cursor를 누르면 커서 메뉴가 나타납니다.

2 Mode를 Manual 모드

3 Type을 X로 선택

4 노브(↻)를 돌려 커서A가 파형의 첫번째 피크치에 위치하게 함

5 노브(↻)를 이용하여 파형의 두번째 피크치에 커서 B가 오게 함

커서 메뉴에서 다음 측정을 볼 수 있음(사진 참조)

- 델타(차이) 전압(파형의 피크 - 피크 전압)
- 커서 1의 전압
- 커서 2의 전압

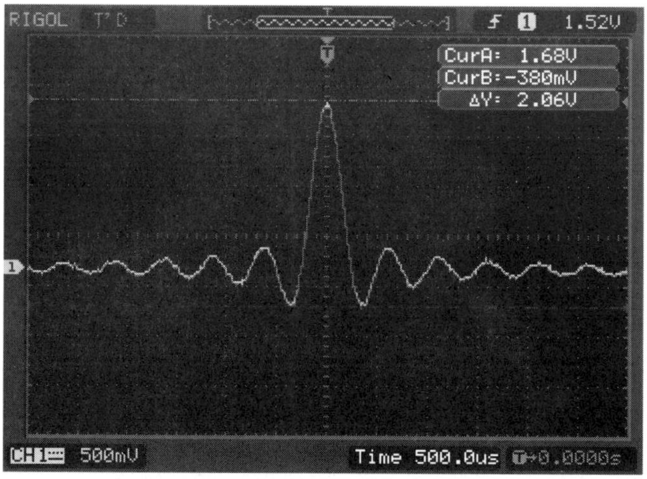

[그림 76] 진폭 측정 화면

6. X-Y 응용 동작하기

네트워크를 통한 위상의 변화 측정

회로의 입력과 출력을 관측하기 위하여 오실로스코프를 연결하고 회로를 통해 위상의 변화를 관측합니다.

X-Y의 모드에서 회로의 입력과 출력을 보기 위하여 다음의 절차를 진행합니다.

1. 프로브 감쇄기 메뉴에서 10X로 설정합니다. 또한 프로브에서 10x로 변경합니다.
2. 네트워크의 입력단을 채널 1에 프로브를 연결하고 출력을 채널 2에 연결 합니다.
3. 만일 채널 디스플레이가 안 되면 CH1과 CH2 버튼을 누릅니다.
4. AUTO 버튼을 누릅니다.
5. 각 채널에서 거의 같은 크기가 표시 되도록 수직축 ◎SCALE 노브를 조정합니다.
6. 수평축 제어부에서 MENU를 누르면 관련 메뉴가 표시됩니다.
7. Time Base 소프트 버튼을 누르면 X-Y 선택
   오실로스코프는 회로의 입출력 특성을 나타내는 리샤쥬 패턴을 표시합니다.
8. 요구되는 파형을 표시하기 위하여 ◎SCALE 과 ◎POSITION 노브를 조정합니다.
9. 두 신호 사이의 위상차를 관측하기 위하여 타원(Ellipse)모드를 적용합니다.
   Sin＝A/B or C/D(두 신호 사이의 위상차 정도)
   위 공식은
   ＝arcsine(A/B) or arcsine(C/D)
   만일 타원의 주축이 1,3분면에 있다면 (0~π/2) 혹은 (3π/2~2π) 범위에 있어야 한다. 만일 메인 축이1, 3분면에 있다면 (π/2~π) 혹은 (π~3π/2) 범위에 있어야 한다.

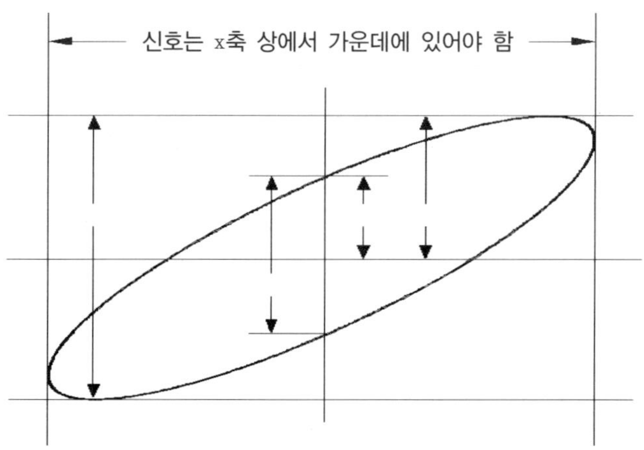

[그림 77] 위상 변화 측정

7. 비디오 신호 트리거 하기

DVD 세트에서 비디오신호를 측정하기 위하여 안정된 표시를 얻으려면 비디오 트리거를 사용합니다.

비디오 필드(Video Field)에 트리거

비디오 필드에 트리거 하기 위하여 다음의 절차를 진행합니다.

1. 트리거 제어부에서 MENU 키를 누르면 트리거 메뉴가 나타납니다.
2. Mode를 누르고 Video 모드 선택
3. Source를 누르고 트리거 소스로 CH1 선택
4. Polarity(극성) 누르고 ⨆ 선택
5. Sync 누르고 Odd Field 혹은 Even Field
6. 안정적인 트리거를 하고 비디오의 트리거 레벨을 설정하기 위하여 ◎LEVEL 을 조정합니다.
7. 화면에 안정한 파형을 보기 위해 수평축의 ◎SCALE 노브를 조정합니다.

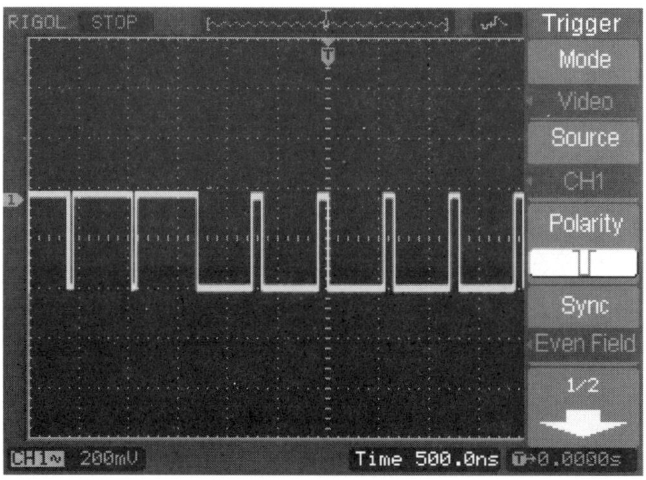

[그림 78] 비디오 필드에 트리거

오실로스코프는 짝/홀수 필드가 동시에 섞이지 않기 위해 홀수필드 혹은 짝수 필드를 지정하여 트리거 할 수 있습니다.

비디오 라인에 트리거

1. 트리거 제어부에서 MENU 키를 누르면 트리거 메뉴가 나타납니다.
2. Mode를 누르고 Video 모드 선택
3. Source를 누르고 트리거 소스로 CH1 선택
4. Polarity를 누르고 ⊔ 선택
5. Sync를 누르고 Line Num 선택
6. 노브(↻) 특정 라인의 번호를 선택합니다.
7. 안정된 트리거를 얻고 비디오 싱크(Sync)에 트리거 레벨의 설정하기 위하여 LEVEL 을 조정합니다. SCALE
8. 화면에 안정된 파형을 보기 위해 수평축의 노브를 조정합니다.

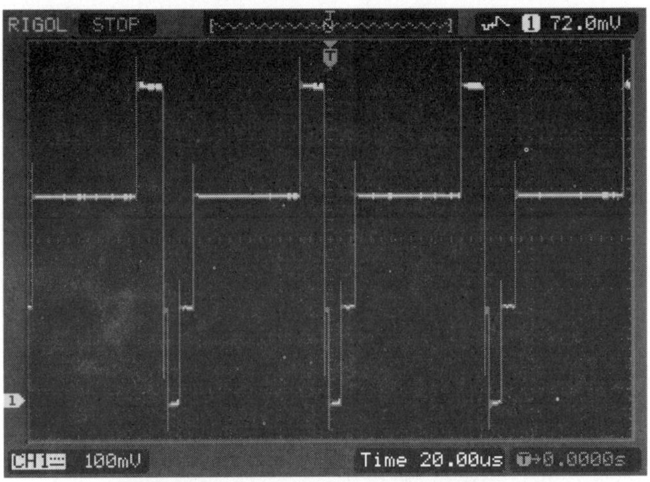

[그림 79] 비디오 라인에 트리거

8. FFT 측정

FFT 측정은 진폭 측정(Vrms or dBVrms)과 주파수 측정(Hz)을 포함합니다.

조작 순서

1. Cursor → Manual
2. Type 누른 후 X 혹은 Y
3. Source 누른 후 FFT

4 관심이 있는 지점으로 커서를 움직이기 위하여 노브(↻)를 사용합니다.

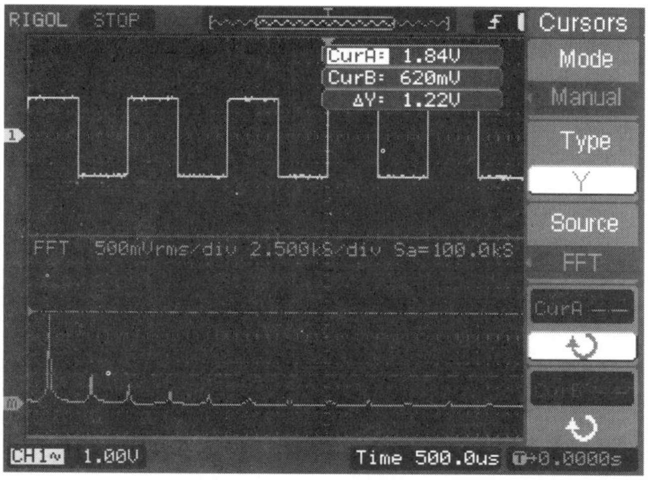

[그림 80] FET 측정 화면(Ⅰ)

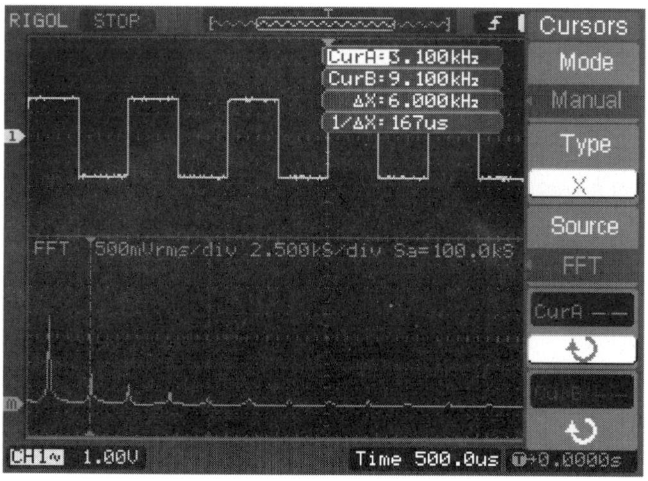

[그림 81] FET 측정 화면(Ⅱ)

9. Pass/Fail Test

합격/불합격(Pass/Fail)시험은 뛰어난 기능입니다. 이미 만들어진 마스크 영역과 비교하여 현재의 파형을 자동적으로 검사합니다. 만일 파형이 마스크에 닿으면 불량("Fail")이 발생되고 그렇지 않으면 합격입니다. 프로그램 한 출력은 외부 자동제어 응용의 예로써 사용이 가능합니다. 예를 들면 생산라인에서 불합격 제품을 빼는 기능과 같이 말입니다. 출력은 기본적인 특징으로써 광학적으로 분리되어 있습니다.

조작 순서

1 Utility를 누르고 → Pass/Fail
2 Enable Test 누른 후 시험이 가능하게 ON을 누릅니다.
3 Mask Setting → Load
4 저장된 마스크를 호출하기 위하여 Load하거나 수직축 한계와 수평축 한계를 조정하기 위하여 X Mask와 Y Mask를 누릅니다. 그리고 난 후 새로운 마스크를 편집하기 위하여 Create Mask를 누릅니다.
5 기대하는 파형 출력을 위하여 출력을 누릅니다.
6 Operate(동작)를 누르면 시험이 시작됩니다.

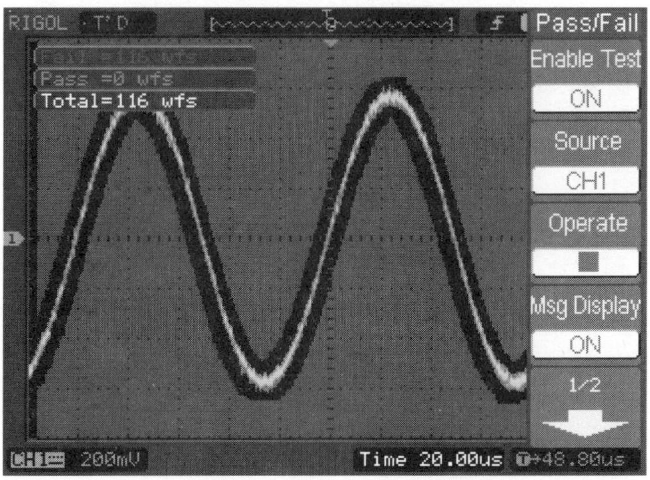

[그림 82] Pass/Fail 시험화면

10. 디지털신호 트리거하기

디지털신호를 트리거하기 위하여 패턴 트리거와 지연 트리거의 두 가지 방법을 사용합니다.

패턴 트리거

다음의 절차로 수행합니다.

1. 트리거 메뉴를 보이도록 트리거 제어부문에서 MENU를 누릅니다.
2. MODE를 누르고 Pattern을 선택합니다.
3. 노브( )를 돌려 선택하고자 하는 채널을 지정합니다.
4. CODE를 누르고 채널별 조건(H, L, X, , 혹은)을 선택합니다.
5. SWEEP을 누르고 모드(Auto, Norm, Single) 선택합니다.
6. Set Up을 누르고 Hold off time을 조절합니다.

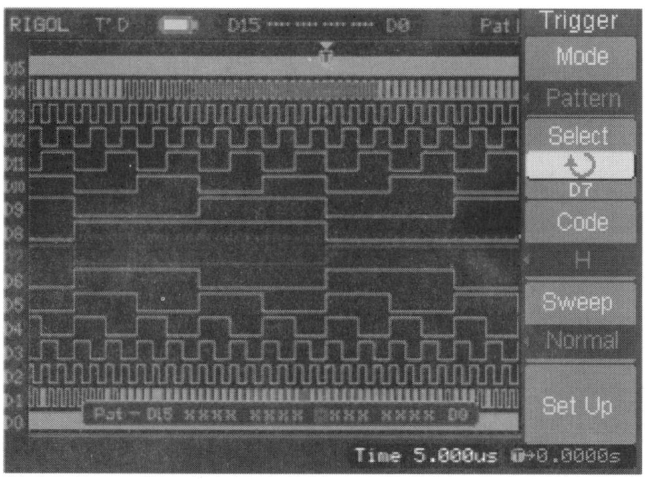

[그림 83] 패턴 트리거 화면

지연 트리거

다음의 절차로 수행합니다.

1. 트리거 메뉴를 보이도록 트리거 제어부문에서 MENU를 누릅니다.
2. MODE를 누르고 Duration을 선택합니다.
3. 노브( )를 돌려 선택하고자 하는 채널을 지정합니다.

4 CODE를 누르고 채널별 조건(H, L, X)을 선택합니다.

5 Qualifier를 누르고 시간제한 조건(>, <, =)을 선택합니다.

6 Time을 누르고 제한 시간값을 입력합니다.

7 Sweep을 누르고 모드(Auto, Norm, Single)를 선택합니다.

8 Set Up을 누르고 Hold off time을 조절합니다.

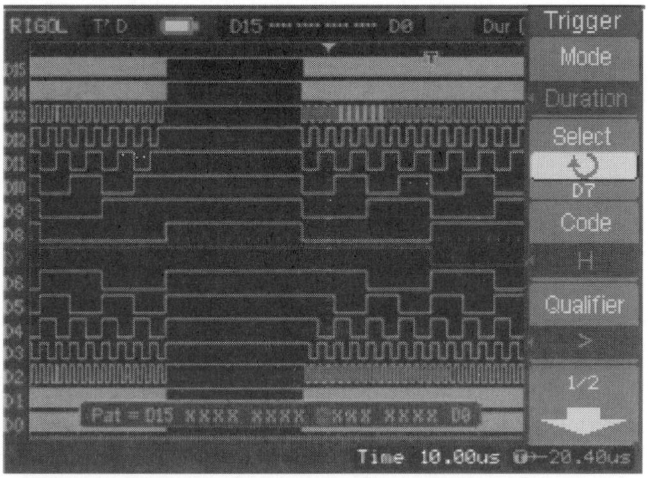

[그림 84] 지연 트리거 화면(Ⅰ)

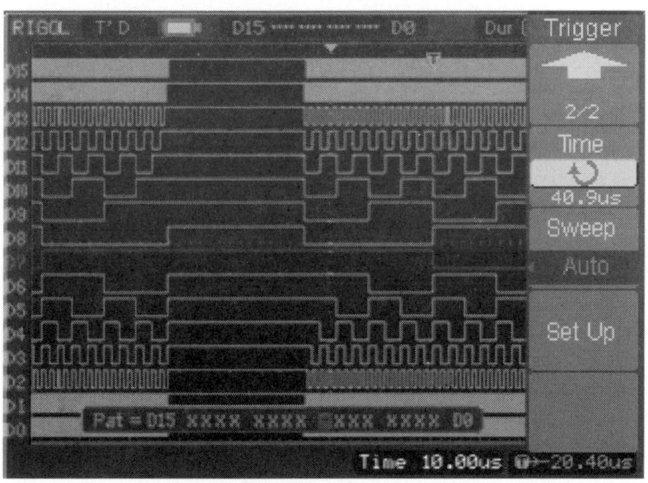

[그림 85] 지연 트리거 화면(Ⅱ)

확인문제(실기)

A 1[kHz], 구형파, 5[V_{p-p}] 파형 나타내기(함수발생기와 오실로스코프를 이용)

<파형결과 그리기>

① INTENSITY

② FOCUS

③ 수평 VARIABLE, 수직 VARIABLE 단자

④ TRIG. SOURCE

⑤ TRIGGER MODE

⑥ TRIG LEVEL

- VOLTS/DIV

- 교류전압 $V_{p-p}=$

- TIMES/DIV

- 주기 T=

- 주파수 $f=\frac{1}{T}=$

B 10[kHz], 정현파, 3[V_{p-p}] 파형 나타내기(함수발생기와 오실로스코프를 이용)

<파형결과 그리기>

⑦ INTENSITY

⑧ FOCUS

⑨ 수평 VARIABLE, 수직 VARIABLE 단자

⑩ TRIG. SOURCE

⑪ TRIGGER MODE

⑫ TRIG LEVEL

- VOLTS/DIV

- 교류전압 $V_{p-p}=$

- TIMES/DIV

- 주기 T=

- 주파수 $f=\frac{1}{T}=$

memo

Chapter 11

계측공학 정리

1. 오실로스코프

① 휘도조정(intensity) : 제어 grid와 캐소드 사이에 전압으로 조정

② 초점조정(Focus) : 제1양극(플레이트)전압의 변화로 조정

③ 수직축 증폭기 : 관측전압을 증폭 수직편향판에 가해, 수직방향(상 · 하)로 휘점(전자빔)을 움직여 조정한다.

④ 시간축 증폭기 : 톱니파를 발생 수평축 증폭기에 가해준다.

⑤ 수평축 증폭기 : 톱니파 전압을 증폭, 수평축 편향판에 가해, 수평방향 좌 · 우로 휘점(전자빔)을 움직여 시간, 전압, 휘도를 관측전압과 일치시킨다.

1) 리사츄 도형의 관측

f(x)	:	f(y)	=	Nv	:	Nx	(리사츄 도형에 접점비)
↓		↓		↓		↓	
(수직주파수)		(수평주파수)		(수평도형)		(수직도형)	

위상 / 리사츄 도형접점비	0°	45°	90°	135°	180°
Ny : Nx 1 : 1	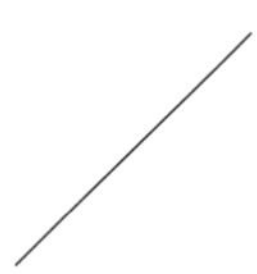	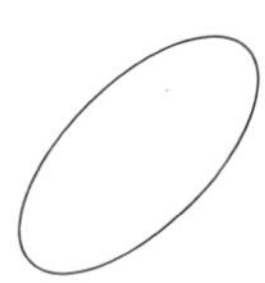	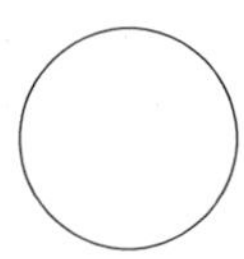	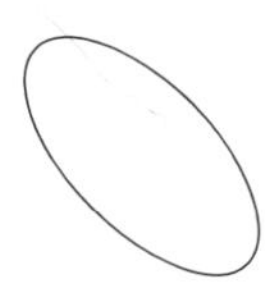	

2) 오실로스코프의 측정

전기적인 현상이나 파형을 관측하는 장치로서 시간, 전압, 휘도를 관측전압과 일치시킨 상태에서 전압의 측정, 위상측정, 변조도의 측정, 시간(T)의 측정으로 주파수 계산 등에 사용된다.

① 전압의 측정

실효치 전압[V] = $\dfrac{A(\text{최대치})}{\sqrt[2]{2}\times \text{편향감도}(mm/V)}$

OSC의 편향감도 1[mm/V]일 때,

실효치 전압(정현파) = $\dfrac{A}{\sqrt[2]{2}}$

실효치 전압(구형파) = $\dfrac{A}{2}$

실효치 전압(3각파) = $\dfrac{A}{\sqrt[2]{3}}$

② 위상측정

$$\theta = \sin^{-1}\frac{y_1}{y_2} = \sin^{-1}\frac{x_2}{x_1}$$

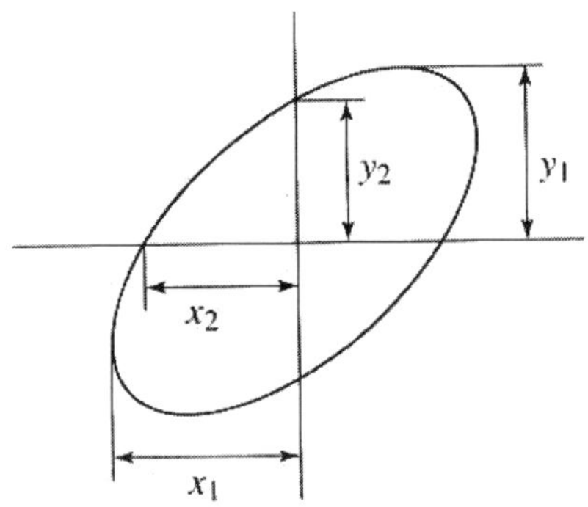

③ 변조도 측정

변조도(m) = $\dfrac{A(\text{크다}) - B(\text{작다})}{A(\text{크다}) + B(\text{작다})}\times 100$

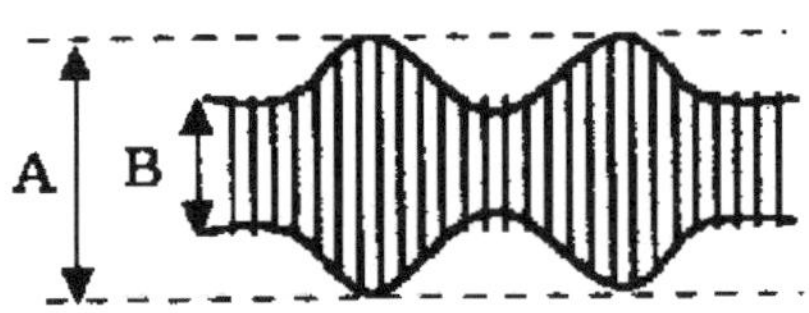

④ 주기(T) = (+반파) + (−반파)[m/sec]

f(주파수) = $\frac{1}{T}[Hz]$

3) 싱크로스코프

(1) 특 징

① 트리거 소인 방식

② 불규칙한 파형 및 부분파형 확대측정

③ 단발현상 측정(1회만 발생하는 과도현상 측정)

④ 고속, 저속의 파형측정. 원하는 부분 정밀측정

⑤ (전압, 전류, 시간, 주파수, 위상차 측정) 파형의 정량적 측정 가능

⑥ 펄스 및 Switching회로 특성 측정

(2) 부속회로

① marker발진기 : 파형의 정량적 측정을 위한 휘도변조 발진기

② hold off 회로 : 1회 소인 완료후 다음 소인을 기다리게 하는 회로

③ unblanking회로 : 현광면의 소손을 막기위해 전자 beam을 차단시키는 회로이다.

④ 소인지연회로

⑤ 톱니파 발생회로 : 쉬미터 회로, 게이트 회로, 적분회로

⑥ 트리거 발생회로 : 미분회로, 쉬미터 회로

4) 표준 신호발생기(SSG)

(1) SSG의 구비조건

① 안전도가 높고 장시간 사용에 견딜 것

② 누설전류가 작고 가변 변위가 넓을 것

③ 변조도 조절이 가능하며 파형이 양호할 것

④ 발진 주파수와 출력 전압이 정확할 것

5) 저주파 발진기(Audio Generator)

(1) 비트(Beat)발진기

① 넓은 범위의 주파수 변화에도 출력 변화가 없다.

② 20.000[Hz]까지의 가청 주파수를 증폭하여 사용한다.

(2) CR발진기

① 소형, 경량으로 취급이 용이하여 저주파 발진기로 가장 널리 이용된다.

② 0.5[MHz] 이하의 낮은 주파수에서 출력파형이 양호하며 일그러짐이 작다.

(3) Wien 브릿지 발진회로

① 발진주파수 $f = \dfrac{1}{2\pi RC}[Hz]$로서 제일 낮은 주파수 발진회로다.

② 발진주파수가 안정하며 출력파형이 양호하다.

③ 발진주파수의 변화가 쉽다.

(4) 음차발진기

① 저주파 발진기 중 주파수 안정도가 제일 좋다(1×10^{-5}정도).

② 저주파대의 주파수 부표준으로 흔히 사용된다.

(5) 소인발진기(Sweep Generator)

① 오실로스코프와 조합, 병용하여 각종 무선회로 주파수 특성을 직시한다.

② 발진주파수가 주기적인 변화를 갖는 발진기이다.

③ 고주파 신호발진기인 Marker(마－크) 발진기로 오실로스코프상에서 소인 주파수를 확인한다.

(6) 초단파 신호발생기

① AM, FM 양용이 보통이다.

② FM시는 저주파(신호파)가 리액턴스관을 거쳐 고주파 발생기에 가하여 FM 파를 발생한다.

2. 디지털계기

1) 기록계기

(1) 펜식(작동식) 기록계기

감도가 낮아 지시계기의 1.5급에 해당된다.

(2) 타점식 기록계기

작동식보다 감도가 좋아 지시계기의 1.0급에 해당된다.

(3) 자동평형식 기록계기

chopper(초퍼) : 미약한 직류를 교류로 바꿀 때 널리 사용된다.

(4) X-Y 기록계기

응답도가 낮아서 높은 주파수는 측정할 수 없다.

2) 디지털 계측기

① 측정값을 읽을 때 개인적 오차가 발생하지 않는다.
② 정도가 높은 측정이 가능하다.
③ 측정이 매우 쉽고 신속히 이루어진다.
④ 전압, 전류 저항값등을 연속적으로 간단하게 측정한다.

3) 디지털 주파수계

① **정형회로** : 비교기등을 사용, 사인파 파형을 계수에 알맞은 펄스파로 바꾸는 회로(입력펄스 발생회로)
② **게이트 제어회로** : 게이트 회로의 개폐를 제어한다.

4) D/A변환기, A/D변환기

(1) D/A변환기

디지털량을 아날로그량으로 바꾸는 장치로서 저항회로, 스위치회로, 논리제어 회로로 구성된다.

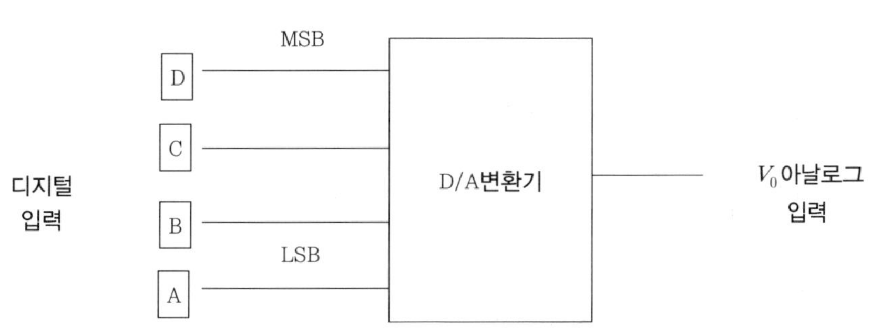

MSB : 최상위 비트, LSB : 최하위 비트

(2) A/D변환기

아날로그량을 디지털량으로 바꾸는 장치를 말한다.

(3) 직류 브릿지

평형을 이용 미지저항을 구하는 브릿지이다.

① 휘스톤 브릿지

② 켈빈 브릿지

5) 교류 브릿지 측정기

(1) 코일의 자기inductance)와 저항 측정법

① 맥스웰 브릿지 평형조건에서

$Rx = \frac{R_2}{R1} R3$을 구한다.

$L_x = C1\, R2\, R3$

② Heaviside(헤비사이드) 브릿지 평형조건에서

$\mathrm{Rx} = \frac{w^2 R_1 R_2 R_3 C_1^2}{1 + w^2 R_1^2 C_1^2} [\Omega]$로서 구한다.

$\mathrm{Lx} = \frac{C_1 R_2 R_3}{1 + w^2 C_1^2 R_1^2} [H]$

③ 극히 작은 inductance 측정법은 Anderson(언드슨) 브릿지이다.

(2) 콘덴서 (Condenser) 측정법

① 용량 브릿지 평형조건에서

$r_x = \frac{R_2}{R_1} R_3$ 로서 측정한다.

$C_x = \frac{R_1}{R_2} C_3$

② 윈(wein) 브릿지 평형조건에서

$R_3 = \frac{R_1}{R_2} (R_4 + \frac{1}{\omega^2 C_4^2 R_4^2})$ 로서 정전용량을 측정

$C_3 = \frac{R_2}{R_1} (\frac{C_4}{1 + \omega^2 C_4^2 R_4^2})$

③ 셰링 브릿지(유전체 손실각이나 정전용량을 측정한다.)

$C_x = \frac{P}{Q} Cr_x [F]$로서 정전용량을 측정한다.

$r_x = \frac{C}{C_s} Q[\Omega]$

(3) 상호 inductance 측정법 $M = \frac{1}{4}(L_a - L_b)[H]$

① 맥스웰 비릿지법 $L_a = L_1 + L_2 + 2M[H]$

$L_b = L_1 + L_2 - 2M[H]$

② 캠벨 비릿지법

(4) 비릿지의 종류와 용도

① 윈 비릿지 : 정전용량 및 전원주파수(저주파)측정

② 코올라우시 비릿지 : 전지의 내부저항, 전해액 저항, 접지저항 측정

③ 셰링 비릿지 : 유전체 손실각, 유전체 손실, 역률 정전용량(C), 손실저항(R), 임피던스, 어드미턴스의 측정

④ 켐벨 비릿지 : 저주파에서 상호인덕턴스(M)측정

⑤ 맥스웰 비릿지 : 자기인덕턴스 측정

⑥ 휘트스톤 비릿지 : 중저항 측정

⑦ 메가 : 대저항 측정, 켈빈 더블 브릿지(소저항 측정)

3. 펄스발생기 측정용 보조기(MV 회로)

1) MV 회로 종류

(1) 비안정(무안정) MV 회로

① 입력 신호 없이 출력 발생된다.

$Z_1 \rightarrow C_1$(AC결합)

$Z_2 \rightarrow C_2$(AC결합)

② 2 단 AC결합이다

③ Q_1과 Q_2는 동시 on이나 off가 될 수 없다.

④ T(반복주기) = $T_1 + T_2 = 0.693(C_1R_1 + C_2R_2)[\sec]$

(2) 단안정 MV회로

① Trigger puls(-값)이 1번 반복에 의해 ① 출력이 발생된다.

$Z_1 \rightarrow R$ $Z_1 \rightarrow C_1$(DC결합)

$Z_2 \rightarrow C$(AC결합)

② 2단 DC, AC결합이다.

③ 반복주기 T=0.693CR[sec]

④ Q_1과 Q_2는 동시 on 이나off가 될 수 없다

(3) 쌍안정 MV 회로

① Trigger puls(-값)가 2번 반복에 의해 ①이 발생된다.

② 2단 DC결합이다.

$Z_1 \rightarrow R$(DC결합)

$Z_2 \rightarrow R$(DC결합)

③ Q_1과 Q_2는 동시 on이나 off가 될 수 없다.

4. 직, 교류측정, 펄스측정

1) 저항의 측정

(1) 저 저항의 측정(1Ω 미만 측정)

전위차계법, LC직열 공진법, 켈빈더블 브리지법 등이다.

(2) 중저항 측정 (1Ω~1MΩ 측정)

위스톤 브릿지, 전류전압계법, 브릿지법, 저항계법 등이 있다.

(3) 고저항 측정(1MΩ 이상 측정)

메가 : 검류계법, 전압계법, 저항계법 등이 있다.

(4) 특수저항의 측정

① 전지의 내부 저항 측정

a. 전압계법

$I = \dfrac{V_1 - V_2}{r}[A]$ 와 $\dfrac{I = V_2}{R}[A]$에서,

$\therefore$ r(전지 내부저항)= $\dfrac{V_1 - V_2}{I} = \dfrac{V_1 - V_2}{\dfrac{V_2}{R}} = \dfrac{V_1 - V_2}{V_2} \times R[\Omega]$로서 측정 된다.

b. 코올라우시 브릿지법

② 전해액의 저항측정(코올라우시 브릿지법)

③ 접지저항의 측정(저항계와 코올라우시 브릿지로 측정한다.)

2) 계측기의 측정범위 확대

(1) 분류기

전류의 측정범위를 확대하기 위해서 전류계와 병렬로 접속한 저항을 말한다.

I_0(측정전류)=$I_0(1+\dfrac{r_a}{R_s})$

$$\therefore \ \frac{I_0}{Ia} = m(\text{배율}) = 1 + \frac{r_a}{R_s}$$

(2) 배율기

전압의 측정범위를 확대하기 위해서 전압계와 직렬로 접속한 저항을 말한다.

$$V = IR_m + Ir_v = I(r_v + R_M)$$

$$= \frac{V_v}{r_v}(r_{v+}R_m) = V_V(1+\frac{R_m}{r_v})$$

$$\therefore \ \frac{V}{V_v} = m(\text{배율}) = 1 + \frac{R_m}{r_v}$$

(3) 분압기

전압의 측정범위를 확대하기 위해서 정전압계와 직렬로 접한 Condenser를 말한다.

$$V_v = \frac{C}{C+C_v} \times V$$

$$\therefore \ V(\text{측정전압}) = \frac{C+C_v}{C} \times V_v = (1+\frac{C_v}{C})V_v$$

$$\therefore \frac{V}{V_v} = m(\text{배율}) = 1 + \frac{C_v}{C}$$

5. 주파수 및 잡음 측정

1) 레벨계

① 레벨계의 단위[dB]은 1[mW]를 0[dB]로 하여 눈금을 정한 것이다.

② 레벨계는 600[Ω]의 부하에 0.775[V]를 공급할 때의 전력이 1[mW]가 되는 것을 0[dB]로 정의한 것이다.

③ 가청 주파수로 방송파의 출력 전압을 측정한다.

④ dBm(데시벨) 눈금을 가진 정류형 전압계 또는 진공관 전압계를 말한다.

2) VU-meter(정류형 계기)

① VU-meter(음량계) : 시시각각으로 변화하는 음량의 정도를 측정, 감시하는 계기로 정류형 전압계를 사용한다.

② 600[Ω] 전송로에 1[KHz], ＋4[dB], 1.228[V]를 가했을 때 0[VU] 지시로 한 대수눈금이다.

③ 눈금은 대수 눈금 범위 ＋3[VU] ~ －20[VU]

④ 지시 눈금 표시 VU 및 변조도 (%) 표시

3) 고 주파수 측정

(1) 흡수형 주파수계

① R-L-C 직렬 공진회로의 주파수 특성을 이용한 것이다.

② 정밀 측정은 어렵고 100[MH]이하 고주파[HF] 측정에 이용된다.

(2) 딥 미터(Dip meter)

① 소형의 LC 반결합 발진기다. 공진 주파수 측정에 이용된다.

② 소형, 경량이며 300[MHz] 정도까지 측정되며 측정 오차는 1~2(%)이다.

(3) 동축(렛헬선)주파수계

① 동축선의 공진 특성을 이용한 것이다.

② 2500[MHz][VHF] 정도의 초고주파 측정에 이용

(4) 공동파장계(주파수계)

공진 특성을 이용, 마이크로파[UHF]측정에 이용된다.

(5) 헤테로다인 주파수계

고정용 발진기로 보간발진기 주파수(f_1(부), f_2(주))를 변조시켜 피측정 주파수 f(x)와 beat(같게)시켜 피측정 주파수 $f_x = \dfrac{f_1 f_2}{f_2 + f_1}$를 측정하는 법이다.

(6) 스트로보스코프(Stroboscope)

회전수 측정에 이용 된다.

(7) 잡음지수(NF)

$$\frac{\text{입력신호/잡음}}{\text{출력신호/잡음}} = \frac{S_i/N_i}{S_0 N_0} = \frac{S_i N_0}{S_0 N_i}$$

$dB = 20\log_{10}(Nf) = 20\log_{10} S_i N_0 / S_0 N_i$는 작으면 작을수록 좋다.

4) 저주파 측정 (200[Hz] 이하)

(1) 가청 주파수 측정(주파수 브리지법)

① 캠벨(Campbell)브리지 (가청주파수 측정)

공진조건 $\omega M = \dfrac{1}{\omega C}$

f_0(공진주파수) : $\dfrac{1}{2\Pi\sqrt{2}}[Hz]$로서 저주파를 측정한다.

② 공진브리지

공진조건 $\omega L = \dfrac{1}{\omega C}$ $\therefore f_0 = \dfrac{1}{2\pi\sqrt{LC}}[Hz]$로서 가청주파 측정

③ 윈(wein) 브릿지

$C_1 = C_2 = C$ $R_1 = R_2 = R$라면

$f_0 = \dfrac{1}{2\pi RC}[Hz]$로 가청주파를 측정한다.

④ 해테로다인 주파수계

0~2[Hz]의 무음대 주파수를 측정한다. 10^{-3}정도의 낮은 확도를 갖는다.

(2) 상용주파수 측정(100(H_z)이하)

① 진동편형 주파수계

- 지시가 단계적이고 연속성이 없다.
- 진동편의 진동수가 이용 측정하는 법

② 전자력을 이용 지침을 회전시켜 회전각을 주파수 눈금으로 읽는다.

③ 전류력계형 주파수계

공진주파수를 이용, 지침으로 주파수를 측정한다.

(3) 주파수 분류

- 장파 : 30 ~ 300[KHz]
- 중파 : 300 ~ 3000[KHz]
- 단파 : 3 ~ 30[MHz]

초단파[HF]=고주파	초고주파[VHF]=초단파	마이크로파[UHF]	슈퍼파[SHF파]
30[MHz]	300[MHz]	30[GHz]	300[GHz]

5) 감쇄기(ATT = Attenuator)

- 저항감쇄기 : 평형형과 불평형형
- 리액턴스 감쇄기 : 인덕턴스 감쇄기, 용량감쇄기

〈표 20〉 저항 감쇄기와 리액턴스 감쇄기 비교

구분	저항 감쇄기	리액턴스 감쇄기
구성소자	순저항	L.C
구조	복잡(L.T.H.π형)	간단(C L M)
감쇄량	0~120[dB], 0 140[dB]로 연속가변 아니다.(step변화)	연속 가변할 수 있다.
오차	주파수 높아지면 오차가 커지기 쉽다.	기계적 강도를 올리면 작아진다.
임피던스	상용주파수에 일정	상용주파수에 변화
측정 주파수 범위	주로 단파대, HF대	(단파~초단파) VHF대
용도	감쇄량, 이득, 누설, 측정용의 각 감쇄기	초단파용의 신호발생기 전계강도 측정기

감쇄기(ATT = Attenuator) : 저항감쇄기와 리액턴스 감쇄기

- 감쇄기 전송량(Neper) : $In_e\frac{V_2}{V_1} = In_e\frac{E_2}{E_1} = In_e\frac{I_2}{I_1} = \frac{1}{2}In_e\frac{P_2}{P_1}$

• 감쇄기 감쇄량(Neper) : $In_e \frac{V_1}{V_2} = In_e \frac{E_1}{E_2} = In_e \frac{I_1}{I_2} = \frac{1}{2} In_e \frac{P_1}{P_2}$

• 감쇄기 감쇄량(dB) : $20\log_{10}\frac{V_1}{V_2} = 20\log_{10}\frac{E_1}{E_2} = 20\log_{10}\frac{I_1}{I_2} = 10\log_{10}\frac{P_1}{P_2}$

(1) 저항감쇄기(복잡)

① 평형형(H, 0 교락 H, U형)

② 불평형형(T, π 교락 T, L형)

(2) 리액턴스 감쇄기(간단)

① 인덕턴스 감쇄기

전송량 : $\frac{E_0}{E_i} = \frac{j\omega MI_i}{j\omega L_1 I_1} = \frac{M}{L_1} = \frac{K\sqrt{L_1}L_2}{L_1} = K\sqrt{\frac{L_2}{L_1}}$

② 용량감쇄기

전송량 : $\frac{E_0}{E_i} = \frac{\frac{1}{j\omega C_2}}{\frac{1}{j\omega}(\frac{1}{C_1} + \frac{1}{C_2})} = \frac{C_1}{C_1 + C_2}$

6. 기본소자 및 각종 회로 특성 측정

1) 지시계기 구성요소

(1) 구동 Torque : 회전력을 일으키는 장치이다.

(2) 제어 Torque : 회전력을 정지 시키는 장치이다.

(3) 제동장치 : 지침을 정지시키는 장치이다.

2) 지시계기의 종류

• 전원 종류에 따른 계기

① 직류 전용 : 가동코일형, 가동자침형, 전해형

② 교류 전용 : 유도형, 진동형, 정류형

③ 직·교류 양용 : 전류력계형, 가동철편형, 정전형, 열전형

3) 오 차

(1) 오차의 종류

① 과오(과실오차) : 측정자의 눈금 오독 혹은 실수에 의해 발생하는 오차

② 계통 오차

㉠ 이론 오차 : 측정이론이나 곤계식의 잘못 적용등에 의한 오차

㉡ 개인적 오차 : 잘못된 측정 습관등에 의한 오차

㉢ 기계적 오차 : 계측기 자체의 고유 오차

③ 우연 오차 : 우연한 원인에 의해 발생되는 오차

(2) 오차와 보정

① M(측정값), T(참값) 일 때, ϵ(오차)$= M - T$

$$\epsilon_0(\text{오차백분율}) = \frac{M-T}{T} \times 100$$

$$\text{상대오차} = \frac{\text{최대눈금}}{\text{지시값}} \times \text{계기급수}$$

② 보정(α) $= T - M$

$$\alpha_0(\text{보정백분률}) = \frac{T-M}{M} \times 100$$

(3) 적산 전력계의 전력 $= \dfrac{Kwh}{TK} \times n[W]$

(4) 상대오차 $= \dfrac{\text{최대눈금}}{\text{지시값}} \times$ 계기급수

(5) 상대오차($\dfrac{\epsilon}{T}$)과 보정률($\dfrac{\alpha}{M}$) 사이의 관계

$$(1 + \frac{\epsilon}{T})(1 + \frac{\alpha}{M}) = 1$$

4) 측 정

(1) 측정방식

① 편위법 : 지시계기 지침 읽기를 취하는 법

② 영위법 : 측정량(M)과 표준량(T)를 평형시켜 측정량(M)을 알아보는 측정

∴ 강도가 높고 정밀한 측정을 요구하는 경우에 이용한다.

③ 아날로그 측정 : 지시계기 눈금 읽음을 취하는 측정

④ 디지털 측정 : 측정량을 수치로 읽는 측정

7. 송 · 수신기 측정

1) 원격 측정

(1) 펄스 시한범

① 송량측에서 피 측정량에 대응하여 신호 전류의 단속시간을 바꾸는 방식이다.

② 신호 단속시간을 바르게 전송해야 한다.

(2) 슈퍼 헤테로다인 수신기

수신주파수에 국부 발진주파수를 혼합, 수신주파수보다 낮은 주파수로 변환한 다음 다시 증폭 검파하여 영상신호를 얻는 법으로서 감도, 선택도 및 안정도가 우수하기 때문에 많이 사용된다.

영상주파수 = 수신주파수 + 2 X 중간주파수

중간주파수 = 국부발진주파수 − 수신주파수

장 점	단 점
선택도, 충실도, 감도가 좋다	영상 주파수에 의한 혼신을 받는다.
통과 대역폭을 변화시킬 수 있다	변환 잡음이 발생한다
단일 조정이 가능하다	국부 발진주파수 안정도가 나쁘다
큰 이득을 얻는다.	전파복사의 우려가 있다.

2) 정재파비

전압파와 전류파와 최대치와 최소치의 비를 말한다.

(1) $\rho(\text{반사계수}) = \dfrac{Z_L - Z_0}{Z_L + Z_0}$

여기서 Z_0(특성임피던스)[Ω]

Z_L(부하임피던스)[Ω]이다.

무한장 선로 = 무한이 긴 선로

$Z_L = Z_0$

$\therefore\ \rho(\text{반사계수}) = \dfrac{Z_L - Z_0}{Z_L + Z_0} = 0$

(2) 정재비파(SWR)

$\dfrac{1 + \text{절댓값}\rho}{1 - \text{절댓값}\rho} = \dfrac{V_1 + V_2}{V_1 - V_2}$

여기서 V_1(입사파 전압)

V_2(반사파 전압)이다.

3) 송신기 전력 측정

송신기 전력 : 안테나에 공급되는 전력을 말한다.

(1) AM송신기의 전력 측정

① 안테나 실효저항에 의한 출력측정 $P = I_a^2 R_a [W]$

② 의사 안테나에 의한 출력 측정 $P = I_1^2 R_1 [W]$

③ 전구 부하법 $P = nVI [W]$

④ 수냉식 의사 공중선법 $P = 4.18\ \theta(t_1 - t_2) [W]$

(2) FM 송신기의 전력 측정

① 볼로미터(Bolometer)의 전력계법

- 감온소자로서 더미스트(themister)나 바레타(barretter)을 이용한 볼로메타 (bolometer) 전력계이다.
- 고주파 전압, 전류 측정에 사용된다.
- themister와 바레타(barretter)를 이용한 볼로메타(bolometer) 전력계법
- 정(+)의 온도계수를 이용한 것이다.

② C-M형 전력계법

- 부하 정합 상태를 알 수 있다.

(3) 통과형 전력계법 : VHF(초고주파) 전력을 계측한다.

(4) UHF(마이크로파) 전력계법 : 방향성 결합에 의한 전력계측법이다.

(5) 동축선로 EH는 도파관과 조합된 전력측정법 : 정전력 또는 전자력 결합에 의한 전력 측정법이다.

4) 수신기의 측정

(1) 안정도

(2) 감도 측정

$S/N = 10\log_{10}\frac{P_s}{P_n}$: 크면 클수록 좋다.

P_n : 잡음전력

P_s : 신호전력

(3) 잡음지수 측정방법

$$F(\text{잡음지수}) = \frac{\text{입력신호/잡음}}{\text{입력신호/잡음}} = \frac{S_i/N_i}{S_0/N_0} = \frac{S_iN_0}{S_0N_i} = \frac{N_0}{GN_i}$$

단, $G(\text{신호이득}) = \frac{\text{출력신호}(S_0)}{\text{입력신호}(S_i)}$

(4) 충실도 측정

(5) 선택도 측정

memo

Chapter 12

계측용어

• AC(Alternating Current : 교류)

흐름방향이나 크기가 시간에 따라 변화하는 전원. 즉 주파수를 가지고 전압/전류가 변화(진동)하는 전원을 의미한다. 결국 sine 파형의 형상으로 전압이나 전류가 변화하면서 흐르게 된다. 이러한 sine 파형의 밀집도를 frequency라고 하며, 1초당 몇 번의 sine파 진동이 일어나는가를 나타낸다. 단위는 전자파의 존재를 증명한 헤르쯔의 이름을 따서 Hz를 사용한다.

• Active Circuit(능동회로)

FET, Diode등의 비선형 소자를 이용하여 만들어진 회로. 기본적으로 외부 DC 전력이 있어야 동작하며, gain을 가지는 회로를 능동회로라고 분류한다. 능동회로에는 amplifier, Oscillator, VCO, PLL, Freq. doubler, phase shifter, mixer 등이 있다. 외부 DC Bias가 필요한 Tr(Transistor)와 Diode와 같이 비선형적으로 동작하는 소자들을 일컫는다. 즉 입력에 따라 출력이 선형적이지 않고 특정한 증폭특성을 가지기 때문에 소자의 모델링이 매우 중요하다. Tr로는 BJT, FET, HEMT, HBT 등이 주로 사용되며, Diode에는 schottky diode와 Pin diode 등이 많이 사용된다.

• Active Mixer(능동혼합기)

Active Mixer란 Tr과 DC 전원을 이용하여 내부적으로 증폭작용을 겸한 Mixer를 의미한다. Active Mixer는 전통적인 Passive Mixer의 출력전력이 낮아서 Buffer Amp를 사용해야 할 경우가 많기 때문에, 그러한 불편을 없애기 위해 이득도 가지기 위한 용도로 설계되는 경우가 많다. 당연히 Passive Mixer에 비해 설계가 복잡하고 변수가 많아서 다소 까다롭다.

- AF(Audio Frequency)

소위 말하는 음성용 주파수대역. 0~150khz 대역을 주로 일컫는다.

- AM(Amplitude Modulation, 진폭변조)

AM, 진폭 변조란 가장 기본적인 신호변조방법으로서, 신호의 변화를 반송파의 전압크기변화에 실어 보내는 통신방식을 의미한다. 구현이 쉽지만 잡음에 약한 특성을 가지고 있다.

- Amplifier(증폭기)

신호를 증폭해주는 회로로서, 각각의 FET/BJT를 원하는 특성이 나오도록 bias 조건을 정해준 다음, 그 bias에 의해 들어오는 전력을 입력신호 변화에 비례하는 형태로 출력을 내보낸다. 즉, 입력신호 자체를 뻥튀기하는 것이 아니라, 입력신호의 전압/전류 변화에 민감하게 bias 전력이 움직이게 함으로써 결과적으로 확대 복사한 결과가 출력되는 셈이다. RF에서는 사용목적과 특성에 따라 LNA(Low Noise Amp), LPA(Linear Power Amp), HPA(High Power Amp) 등으로 나눌 수 있다.

- Amplitude(진폭)

주기적으로 변화하는 정현파에서 중심점을 기준으로 특정시간, 조건에서의 사인파형 크기를 말한다. 주로 전압파형에서 많이 사용되게 된다. 단순히 어떤 위치나 시점의 지정 없이 amplitude라 말한다면 중심점을 기준으로 + 크기의 최대값을 지칭하는 경우가 많다. 쉽게 말해서 사인파형의 최고 높이를 칭하는 경우이다. 이것은 상황에 따라서는 실제 값이 아닌 실효값(루트를 씌우는 형태의)의 amplitude를 진폭특성으로 잡는 경우도 있다.

- Antenna(안테나)

안테나란 RF에서 필수적인 요소 중 하나로, 최종적으로 변·복조된 신호를 교류하기 위한 최종단 장비이다. 안테나는 철저히 크기와 구조(파장에 비례한)에 따라 특성을 받는 구조물로서 circuit이 아니라 component 혹은 structure로 구분된다. 안테나의 동작원리는 특정주파수의 에너지만 공진시켜서 대기 중에 뿌려주게 된다. 안테나는 용도와 크기, 방식에 따라 굉장히 다양한 종류가 있다.

• Antenna Gain(안테나이득)

Antenna Gain은 안테나의 Directivity에 안테나 방사효율을 곱한 값이다. Directivity는 결국 안테나패턴의 지향성을 의미하므로, Antenna Gain은 그러한 지향성에 방사효율을 고려한 실질적인 안테나의 방향이득을 의미하게 된다. Antenna Gain＝Radiation Efficiency(방사효율) * Directivity(지향성) 초심자 중에 안테나는 수동소자인데 어떻게 이득(gain)을 가지는지 혼돈스러워 하는 경우가 있는데, 안테나에서의 이득은 증폭기처럼 입력대 출력의 비를 말하는 것이 아니라는 점을 알아두어야 한다. 무지향성 안테나에 비한 지향성을 가지는 것의 비율을 의미하는 것 일뿐 어떤 증폭을 의미하는 것은 아니다. 하지만 사방으로 나갈 전력을 한곳에 모아서 방사한다는 것이므로 결국 특정 방향입장에서는 마치 증폭기를 거쳐서 방사된 것처럼 방사세기가 강해진다. 그러한 면에서 이득(gain)이라는 용어를 쓰게 되는 것이다.

• Attenuator(감쇄기)

말 그대로 전력을 감쇄시키기 위한 목적으로 사용되는 소자/회로이다. 저항과 같은 소모성 소자를 여러 개 이용하여, 원하는 전력만큼 감쇄를 시키도록 맞출 수 있다. 원리적으로는 저항 네트워크를 이용하여 전력을 분배한 후, 일부 전력을 termination 시키는 방식이 많이 사용된다. 고의적인 감쇄를 위한 attenuator는, 단지 전력 레벨만을 낮추고 싶은 것이 목적인 경우가 많기 때문에 필요 이상의 잡음발생을 최대한 억제하고 위상차 등이 발생하지 않도록 만들어져야 한다. attenuator의 용도는 여러 가지가 있는데, 여러 단간의 전력레벨을 맞추어야 하는 경우에 많이 사용되며, 특히 Power amp등의 고출력 소자의 출력값을 측정하고자 할 때도 많이 사용된다. 만약 수십 dBm 이상의 높은 출력을 계측기에 바로 물리게 되면 계측기가 손상을 입을 수 있으므로, 출력단에 정확히 감쇄량이 얼마인지 아는 attenuator를 달고 측정한 후에 그 값을 수식적으로 보상해주면 계측기를 안전하게 사용할 수 있다. 증폭기류에서 3개의 저항을 이용하여 전력을 조절하는 용도로 사용되는 경우에는 PAD라고 부르기도 한다.

• Band(대역, 밴드)

특정 주파수가 존재하고 있는 스펙트럼상의 위치를 의미한다. 즉 10Ghz의 신호는 10Ghz 대역(band)혹은 X band의 신호라고 부르는 단순한 개념이다. 실제로 신호원은 하나의 단일 주파수를 가지는 게 아니라, 약간이나마 어느 정도 중심주파수를 기준으로 주파수 폭을 가지게 된다. 이러한 주파수폭(대역폭)을 포함한 주파수 또는 주파수 묶음을 band라고 부른다. 그래서 보통 밴드라 하면 시작 주파수와 끝 주파수가 존재하게 된다. 또는 통신 시스템 상에서 반송파(carrier)주파수로 활용가능 하도록 할당된 주파수 모임 자체를 band 라고 부르기도 한다.

- **Bandwidth(대역폭, 밴드폭)**

신호를 포함한 모든 주파수에너지는 하나의 주파수만 가지는 게 아니라 실제로는 중심주파수를 기준으로 양쪽으로 일정한 양의 주파수 범위를 가지게 되는데, 이러한 특정 주파수범위의 폭을 일반적으로 지칭하는 말이다. 이것은 한 신호의 주파수폭을 의미하기도 하고, 전체 채널의 주파수폭을 의미하기도 하고, 증폭기의 증폭범위를 의미하기도 한다. 즉 특정한 용어가 아니라 주파수축의 스펙트럼 상에서 어떤 대역의 폭을 지칭하는 단순한 말이다.

- **Baseband(기저대역)**

Baseband, 베이스밴드는 우리말로 기저대역이란 표현을 쓰는데, 원천신호 영역을 말한다. 전화기를 예를 든다면, 우리가 말을 하는 음성신호를 처리하는 대역이 바로 베이스밴드이다. 무선 데이터 통신이라면 실제로 사람이 사용하는 데이터 레이트 주파수대역이 베이스 밴드가 된다. 무선 통신이란 것은 이렇게 우리가 사용하는 실제 주파수대역(baseband)을 반송파(carrier)에 실어서 보냄으로써 동작한다. 물론 수신측에서는 그 반대로 반송파에서 베이스밴드 신호로 낮추고 처리하게 된다. 원래신호대역, 즉 baseband 신호를 그대로 전송하기엔 무리가 많기 때문에 결국 반송파를 사용하여 전송하는 것이다.

- **Baud(보오)**

Baud[보오]는 데이터 전송속도를 측정하는 단위로 널리 사용되었으며, 정확한 용어인 bps에 의해 대체되기 전까지 사용되었다. 1 보오는 전자적인 상태의 변화가 1초에 1번 일어나는 것을 의미한다. 따라서 한 비트가 한 신호단위로 쓰이는 경우에는 보오 속도와 bps가 동일하다. 그러나 하나의 상태변화가 데이터의 1개 이상의 비트와 관계될 수 있기 때문에, 데이터 전송속도를 표현하는 데에는 bps 라는 단위가 더 나은 것으로 판단되어 대체되었다. 만일 세 개의 비트가 한 신호단위를 이룬다면 보오 속도는 bps 속도의 1/3 이 될 것이다. 보오 속도가 증가함에 따라 통신 채널의 필요 대역폭이 넓어지기 때문에 통신 채널의 입장에서 보면 보오 속도가 중요한 의미를 갖지만, 그러나 데이터 통신 이용자의 입장에서 보면 전송된 데이터의 총량이 중요하므로 bps 속도가 더 밀접한 관계를 갖는다.

• Bias(바이어스)

Bias는 사전적으로 "기울이다"는 뜻이다. 즉 어떤 평형상태를 기울여서 흐름을 만드는 것을 의미한다. RF를 포함한 전자회로에서 바이어스라는 의미는 전위평형상태를 기울여서 전류를 흐르게 함으로써, 결과적으로 DC 전원을 인가한다는 뜻이다. DC 전원을 거는 행위를 그 자체를 지칭하는 말로 주로 사용된다(또는 DC 전원입력 그 자체로 봐도 무방하다).

• BPF(Band pass filter : 대역통과 필터)

통과시작 주파수와 저지대역 주파수를 가지고 특정 대역만 통과시키는 필터. 무선통신에서 채널을 구분하기 하기위한 용도 및 image제거 등의 용도로 많이 사용된다.

• Broadband(광대역)

광대역이란 말은 말 그대로 넓은 주파수 대역 그 자체를 지칭하거나, 동작주파수 범위가 넓다는 의미로 쓰이는 일반영어이다. 단, 그 기준은 매우 상대적이라서 각 통신시스템이 사용하는 중심주파수에 대한 %로 나타내는 경우가 많다. 물론 광대역이냐 협대역이냐를 구분하는 기준은 각양각색이다. 예를 들어 중심주파수 1Ghz에서 100Mhz 대역의 amp를 만든다면 비교적 광대역이 될 수 있다.

• Bypass(바이패스)

bypass란 말은 우리말로 우회(迂廻)한다는 뜻이다. 도로체증이 심한 곳에는 소통을 원활하게 하기 위해 우회도로 같은 것이 있듯이, 회로나 시스템에서도 신호를 우회시켜야 할 경우가 있는데 이런 경우 전반적으로 사용되는 용어이다.

• Capacitance(캐패시턴스, C)

전압을 가했을 때 축적되는 전하량의 비율을 나타내는 양. 단위는 F(패럿)이다. 이러한 캐패시턴스 값을 간단히 C라 지칭하며, RF에선 pF 단위가 주로 사용된다.
이것은 결국 전기장을 통해 순간적으로 축적되는 에너지를 의미하며, RF 입장에선 단절된 금속 사이에서 전류/전압의 변화가 있을 때만 신호를 통과시키려는 성질, 또는 그 정도를 의미한다고 볼 수 있다.

• Capacitor(캐패시터)

고의적으로 정해진 캐패시턴스를 유발할 수 있도록 만들어진 소자.
두 금속판 사이에 유전체를 삽입하는 식으로 만들어지며, 그 단면적과 금속판간의 거리에 의해 Capacitance 값이 결정된다. 실제로는 단순히 금속판만을 사용하지 않고 여러 가지 형태의 금속형상을 사용한다.

• Carrier(반송파)

carrier라 함은 말 그대로 뭔가를 실어서(carry)나르는 역할을 하는 것을 말한다. 리어카 같은 것도 일종의 캐리어 이다. 무선통신에서 말하는 carrier는 우리말로는 반송파라고 변역되는데, 여기서 반자는 동반하다, 함께 가져간다는 의미의 한자 반자이다. 가끔 반대하다의 반자로 오인하는 경우가 있는데 조심해야 한다. 즉 반송파는 말 그대로 뭔가를 함께 가지고 가는, 실어 나르는 파를 말하게 된다. 실제로 우리가 이해하고 사용하는 원천신호는 대체로 주파수가 높지 않다. 음성의 경우 수Khz, 영상이나 데이터의 경우 기껏해야 수 Mhz 단위인데, 이것을 무선통신 채널로 보내려면 그냥 바로 보낼 수는 없다. 우선 이러한 기저대역(baseband) 신호들은 잡음에 매우 약하고 전달거리가 짧기 때문에, 높은 주파수에 실어서 보내게 된다. 높은 주파수, 즉 반송파에 신호를 싣는 과정을 변조라고 하는데, 이렇게 하여 송수신 특성을 높일 수 있다. 그보다도 이렇게 특정 주파수 별로 반송파를 사용해서 보내지 않는다면 똑같은 기저대역 주파수를 사용하는 신호들을 구분할 방법이 없다.

• Cavity(공동)

Cavity(캐비티)는 공진(resonance)을 위한 구조물을 지칭한다. 우리말로는 공동, 즉 비어있는 어떤 물체를 말한다. 결국 cavity란 내부가 비어있는 금속box형태의 공진기를 부르는 말이다. cavity란 용어는 그 특성상 도파관 필터를 구현할 때 많이 사용되게 된다. 도파관 중간에 벽을 세워 cavity를 만들고, cavity간의 iris(뚫린 공간) 등을 조절하여 다단 필터를 구성할 수 있다. 금속으로 둘러싸인 빈 공간에서는 그 금속box(즉, cavity)의 크기에 따라 특정 주파수가 공진하면서 집중되기 때문에, Bandpass filter로 쉽게 응용할 수 있다.

• Channel(채널)

채널은 통신과 RF에서 매우 광범위하게 사용되는 용어이다. 원래 채널이란 우리말로 협곡이라는 뜻이다. 즉 움푹 들어간 계곡 같은 갈래를 말하며, 보통 산에서 물이 이런 움푹 파인 골을 따라 흐른다는 것을 잘 알고 있을 것이다. 통신에서도 이와 비슷하게, 어떤 신호가 흐르는 통로를 의미하는 경우가 많다.

• Characteristic Impedance(특성 임피던스)

하나의 회로, 시스템에서 기준으로 사용하는 임피던스값. RF에서는 주로 50옴과 75옴을 많이 사용하는데, 사용자가 임의로 결정할 수도 있다. 하나의 임피던스로 통일해서 사용해야 각 회로단을 연결하기 쉽고, 50옴이라는 저항값이 전력전달성능과 왜곡특성을 둘 다 만족하는 중간점이기도 하다. 보통 특성 임피던스라고 하면 50옴을 주로 일컫는다.

• Circulator(써큘레이터)

Circulator는 3단자의 신호분기 회로소자이다. 120도 각도로 3개의 포트가 둘러있는 형상에 내부에는 공진판과 페라이트 등의 자성체가 배치되어 있다. Circulator의 특징은 한 포트로 입사한 전력이 나머지 두 포트중 하나로만 출력되고, 나머지 하나로는 출력되지 않는다. 설계하기에 따라서 오른쪽 또는 왼쪽 포트로만 전력이 나가고 나머지로는 나가지 않게 되는 것이다. 그래서 3포트 소자이면서도 방향성을 가지고 회전하듯이 특정 방향의 포트로만 에너지를 전달하기 때문에 Circulator 라는 명칭이 붙어 있다. 동작이 잘 이해가 안 간다면 아래의 예를 보자. 포트 1로 입사된 전력은 포트 2로 나가고 포트 3으로는 안 나간다. 포트 2로 입사된 전력은 포트3로 나가고 포트 1로는 안 나간다. 포트3으로 입사된 전력은 포트 1로 나가고 포트 2로는 안 나간다.

• Coil(코일)

인덕턴스는 선로길이가 길 때 나타나는 현상이므로 선로를 스프링모양으로 감으면 적은 면적상에 많은 인덕턴스를 구현할 수 있다. 또한 상호 인덕턴스가 강해져서 선로길이보다 더 많은 인덕턴스를 구현현할 수 있다. 이렇게 스프링처럼 동심원으로 감아놓은 형태의 인덕터를 흔히 Coil이라 부른다. 주로 저주파에서 사용되는 용어로서, 고주파에서는 이런 코일 구조뿐 아니라 다양한 구조가 응용되기 때문에 코일이란 용어는 별로 안 쓰고 인덕터라는 용어를 주로 사용한다.

• Conductivity(도전율)

도체가 얼마나 전기를 잘 흐르게 하느냐를 나타내는 지표
대표문자로는 σ(시그마)를 사용한다. 한 변의 길이가 1m인 육면체에서 마주보는 두 면간의 전기적 흐름도를 도전율로 정의하며, 도체의 고유저항의 역수를 의미한다.
고유저항의 역수이기 때문에 단위가 ohm을 뒤집은 mho가 되며, 단위길이 체적 당 값이므로 결국 단위는 mhos/m 혹은 siemens(지멘스)라고 부른다. 일반적으로 도체의 도전율이라 하는 경우는 표준 동선의 도전율(길이 1m, 절단면 1mm로 20°C에서 1/58옴=0.01721옴)을 100%로 하여 비교한 100분 율로 표시한 것이기도 하다.

• Coupler(커플러, 결합기)

우선 Coupling이라는 현상을 명확하게 이해해야 하므로 Coupling의 단어설명을 꼭 참조하기 바란다. 고주파로 갈수록 선로자체에서 누설되는 전자파 에너지량이 늘어나는 Coupling현상이 커지므로, 고주파 RF에서는 아예 Coupling을 이용하여 회로를 만들기도 한다. 보통 커플러라 하면 이렇게 Coupling 현상을 적극적으로 활용한 회로구조를 지칭한다.

• Coupling(커플링, 결합)

Coupling이라는 용어는 전자파를 다루는 RF에서 수시로 나오는 기본 개념 중 하나이다. coupling의 사전적인 정의는 인접한 대상끼리 에너지를 교류하는 현상을 지칭한다. 알다시피 RF는 기본적으로 고주파, 그것도 외부 전자파로 방사가 잘 되는 주파수 신호를 다루기 때문에 많건 적건 선로에서 에너지가 전자파 E,H field 형태로 조금씩 방출되기 시작한다. 그래서 인접 선로끼리 서로 방출된 신호에너지가 상대방 선로에 간섭 혹은 직접적으로 유입되는 현상이 발생하는데, 이것을 보통 Coupling이라고 부르게 된다. Coupling은 어쩔 수 없이 발생하는 현상으로, 각자 진행하는 선로끼리는 Coupling이 적을수록 설계하기가 쉬우며, 선로들을 가깝게 붙여서 설계한 경우에는 주파수가 올라갈수록 Coupling이 심해져서 서로가 서로에게 잡음이 되고 자신은 에너지가 누설되기 때문에 성능이 저하되게 된다. 그래서 RF 고주파 회로를 만들 때는 인접선로간의 Coupling에 매우 주의해야 하며, 하나하나 계산할 수는 없기 때문에 적당한 거리를 떨어뜨리거나 격벽을 세워서 막는 것이 좋다. 일반 RF 회로설계 툴을 이용해서는 Coupling의 영향이 정확히 계산되지 않기 때문에, 필드해석 툴을 이용하여야만 제대로 된 Coupling 영향을 평가할 수 있다. 보통 Coupling을 계산한다고 하는 것은 그 Coupling된 전력값 그 자체를 계산하기 보다는 Coupling의 발생으로 인해 회로의 성능이 얼마나 저하되는 지를 체크하기 위한 목적이다.

그래서 Coupling된 결과 자체를 고려하여 회로를 설계하던지, 아니면 Coupling이 적게 일어나도록 회로상의 소자나 선로 간격을 충분히 벌리게 된다.

• dB(Decibel)

특정 측정치나 값을 logarithm(로그)화 하여 보기 위한 단위. 원하는 값에 log값을 취하고 10을 곱하게 된다. dB에 대해서는 아래의 설명을 잘 읽어보면 된다.

• Demodulation(복조)

송신단에서 변조(Modulation)된 신호를 다시 수신단에서 원래 신호로 돌리는 과정을 복조(Demodulation)이라고 한다. 복조는 변조된 과정 그 자체를 그대로 뒤집어서 신호를 역변환 하는 것이며, 그래서 변조방식 그대로이므로 역으로 복조해야 한다.

• Dielectric Constant(유전상수)

유전상수를 제대로 이해하려면 우선 유전율, 비유전율의 관계를 알아야 한다. 유전율(ε)은 유전체(부도체)의 교류전자기파 에너지에 대한 반응밀도를 나타내는 값이고, 비유전율(εr)은 그 값이 공기가 1이라고 가정한 상대적인 값을 의미한다. 유전상수(Dielectric Constant)는 이 비유전율(εr)의 실수 항을 의미한다. 즉 실제로 우리가 물질의 유전율이라 부르는 경우는 비유전율의 실수부, 즉 유전상수를 의미하는 경우가 많다.

• Dielectric Material(유전체)

뭔가 특별한 물체를 지칭하는 것 같지만 도체와 자성체가 아닌 모든 재질, 즉 부도체를 그냥 학술용어로 유전체라고 부른다. 유전체의 영어단어인 Dielectric은 결국 Die + electric의 합성이다. 즉 전기(DC)는 죽었다는 뜻이다. 부도체(유전체)에서는 유전율이 주요한 전기적 특성이 되어, 유전율에 따라 입사된 전자기파 에너지의 내부 반응밀도가 정해지게 된다. 즉, 직류(DC)신호는 흐르지 못하지만, 주파수를 가진 교류(AC)신호는 흐를 수 있다. Balanced Signal과 같은 뜻이다.

• Diffraction(회절)

전자기파가 진행 중에 장애물을 만났을 때 옆으로 돌아서 진행하는 현상이다. 만약 이 현상이 없었다면 오늘날의 이동통신은 거의 불가능했을지 모른다. 저주파 신호가 더욱 멀리 도달하는 이유는 바로 주파수가 낮을수록 회절성이 강해서이다. 주파수가 높아지면 전자기파는 점점 더 직진성이 강해져서 결국에는 가시광선처럼 LOS(Line of Sight), 즉 직선 영역에서의 통신만 가능해진다.

• Diode(다이오드)

Diode는 Anode(＋전극)와 Cathode(－전극)을 합쳤다는 의미에서 이름 붙여졌다. 즉 Di라는 접두어는 2개라는 의미로서, 두 개의 전극이 붙어 있다는 의미이다. 두 개의 전극소자가 붙어 있음으로 해서 전류의 흐름을 어느 한 방향으로만 흐르도록 만들어진 비선형 소자로서, 그 특성에 의존한 응용범위는 매우 방대하다. RF에서는 Passive Mixer와 VCO 등에서 널리 이용된다. 어느 전자회로 책을 보더라도 다이오드에 대해 상세한 정보를 얻을 수 있다.

• Duplexer(디플렉서)

한 채널/선로에 주파수가 다른 두 신호를 동시에 보내기 받기 위해 사용되는 분기용 필터 소자. Duplexer가 대역폭이 좁은 송/수신 BPF를 이용하여 하나의 안테나를 공유하기 위한 목적인 반면, Duplexer는 LPF＋HPF의 조합으로 하나의 선로(안테나일 수도 있고, 유선 선로일 수도 있음)에 주파수가 다른 두 개의 신호를 보내기 위한 목적으로 사용된다.

• DSP(Digital Signal Processing : 디지털 신호처리)

RF에 포함되지 않는 것 같지만 실제로 응용할 때는 아날로그 RF와 디지털 DSP가 결합되는 경우가 많다. DSP란 말 그대로 디지털 신호를 처리하는 unit나 방법론을 통칭하는 것으로서, 매우 광범위한 개념이다. 기본적으로 다루는 신호 자체가 0,1과 같이 명확한 레벨을 가지는 디지털 신호이다(RF는 연속적인 아나로그 신호를 다룬다). 통신 시스템에서는 RF단과 IF단을 거쳐 들어온 아날로그 신호가 ADC(아날로그 디지털 변환기)를 거치면서 디지털 신호로 변환되고 그때부터 DSP 처리부가 그 신호들을 다루게 된다. 실력 있는 RF개발자가 되려면 아날로그 부분뿐만 아니라 이러한 디지털 파트와 어떻게 연동되는지 까지 알면 큰 도움이 될 것이다. DSP와 관련한 서적은 굉장히 많으니 도서를 참고하길 바란다.

- **Duplexer(듀플렉서)**

송신단과 수신단을 하나의 안테나에서 공유하기 위한 부품. 송수신 주파수가 다를 때, 송신단 주파수만을 통과하는 BPF와 수신단 주파수만을 통과하는 BPF를 붙여서 만든 부품이다. 경우에 따라 중단에 Notch filter를 달아서 송수신단의 isolation을 유도한다. 즉 총 3개의 포트로 구성되어, 양 끝 단에 송신단과 수신단이 중앙에는 안테나 단이 연결되어 있다. 송신단에서 나온 신호는 안테나로만 가고 수신단으로 가지 못하게 하며, 안테나로 들어온 신호는 송신단이 아니라 수신 단에만 가도록 하는 것이다.

- **Duty Cycle(충격계수)**

일반적으로 온(on), 오프(off)를 주기적으로 하는 장치에서 주기에 대한 온과 오프의 시간의 비를 말한다. 이동 무선 송신기의 경우는 전파의 발사와 정지와의 시간비를 펄스 통신의 경우에는 펄스폭과 펄스 주기와의 비를 충격 계수라 하고 %로 표시한다.

- **Electric Field Strength(전계 강도)**

전계 강도(Electric Field Strength, Field Intensity), 전계 강도란 전파가 전파(Propagation)될 때 전파의 세기를 단위면적당 에너지로 표시한 것을 말한다. 1m 떨어진 거리에 두 지점의 전압차를 1V 기준으로 나타내어 단위로는 V/m을 사용한다. 즉 두 지점 사이의 거리가 1m이고 전압이 1V이면 전계강도는 1V/m이다. 만일 2m 떨어진 두지점 사이의 전압차가 1V이면 전계강도는 0.5V/m이며, 반대로 0.5 떨어진 두 지점 간의 전압차가 1V이면 전계강도는 2V/m이다. 이동전화에서는 단말기에서 발사되는 전계강도를 측정하여 일정레벨 이하로 떨어지면 통화 채널 전환(Hand Off)을 시도한다. 무선통신에서 사용하는 전계강도의 단위로는 V/m 보다는 μV/m을 많이 사용한다.

- **Electrical Length(전기적 길이 : 파장 길이)**

사용하고자 하는 중심주파수 파장 대비한 선로/소자의 전기적 파장단위 길이를 말한다. 이것은 RF/Microwave 설계시 많이 나오는 용어로서, 주파수가 높다 보니 파장이 짧고, 그 파장에 근거한 길이를 기준으로 설계하는 경우가 많아서 사용되는 용어이다. Physical Length는 실제 어떤 소자나 선로의 측정 길이를 말하며, 이 실제 길이를 파장 λ로 나눈 것을 Electrical Length라고 한다.

• Embedded(임베디드, 임비디드)

임베드의 사전상 정의는 "깊숙이 박힌"이란 뜻이다. 이는 하드웨어 내에 내장되어 있다는 의미이다. 내장된 시스템, 이는 제한된 사용자만이 이를 수정할 수 있다. 실시간 응답이 가능하며, 주된 사용처는 MPU, CDP, HDTV, CELLULAR PHONE, VIDEO PHONE, CAM 등 쉽게 찾아볼 수 있다. 다시 설명하자면, 해당 기기를 작동하기 위해서 소프트웨어를 다운로딩 받아 컴파일하여 사용하는 것이 아니라 하드웨어 내에 있는 펌웨어에 의해 하드웨어 작동이 되는 것이다.

• EMC(Electromagnetic Compatibility)

EMC(전자파 친화상태)란 EMI(전자파장해)가 적게 발생하고 EMS(전자파내성)이 잘 조화되어 안정된 전자파 환경 그 자체를 지칭한다. 즉 EMI건 EMS 건 결국 EMC한 상태를 만들기 위한 개념들이다. 용어를 쓸 때 EMI/EMC라는 식으로 전자파 장해문제를 표현하는 경우가 많다.

• EMI(Electromagnetic Interference : 전자파 장해)

EMI란 말 그대로 외부 기기에 교란을 주는 전자파 장해를 의미한다(참고로 장애가 아니라 장해가 맞다. 장애란 단어는 사전에 존재하지 않는 잘못된 단어이다. 일본에서만 쓰이는 특수한자이며, 일본에서도 이러한 의미가 다소 다르다). 특정 회로나 시스템에서 발생한 각종 스퓨리어스와 잡음성분들이 외부로 방사될 때, 그것은 다른 전자시스템에 방해전파로 작용된다. 즉 EMI는 철저히 억압해야 할 대상이며, 실제로 일정기준 이하로 억압되는지 테스트를 통과해야 전자제품으로서 판매가 가능하다(TV나 오디오 뒤를 보면 EMI 검정 스티커를 흔히 볼 수 있지만 가끔 엽기적으로 앞에다 붙여놓고 파는 제품도 있다). 날이 갈수록 늘어가는 전자기기에 대한 EMI 검정은 까다로워지고 있으며, 국내는 물론 외국에서도 제품 수출의 중요한 통과관문이 되었다. 국내에서는 전파연구소에서 이러한 EMI 검정과 연구를 많이 수행하고 있다.

• Feedback(피드백, 궤환, 귀환)

Feedback은 출력방향으로 나가야 할 신호의 일부가 입력단으로 되돌아오는 현상을 지칭한다. 특성상 주로 증폭기에서 많이 사용된다. 회로설계에서 굉장히 많이 사용되는 용어인데, 이것은 관점에 따라 불필요한 제거대상 성분일수도 있고, 특정 목적에 따라 고의적으로 유발시킬 수도 있다. 즉 미스매칭 등에 의한 불필요한 feedback은 회로의 특성을 불안정하게 만들고 발진을 일으킬 수 있으나, 사용자의 특별한 목적에 의해 고의적으로 일정량을 feedback시킴으로써 안정도를 높이는 경우도 있다. 그 외에도 회로설계의 관점에서 출력단 신호를 일부 입력단으로 돌려보내는 모든 loop나 설계방법, 현상에 이 feedback이라는 용어가 사용된다.

• Filter(여파기, 필터)

특정 대역의 주파수 성분만을 골라내기 위한 회로 또는 구조물. 회로적으로는 L과 C의 조합으로 구성이 가능하며, 분류기준에 따라 다양한 종류의 필터가 존재한다.

1. 대역분류에 따라 : LPF, HPF, BPF, BSP(notch)
2. 통과대역 파형에 따라 : Butterworth, Chebyshev, Bessel
3. 구현방법에 따라 : LC 필터, 공진필터, 커플링인 필터....

• FM(Frequency Modulation, 주파수 변조)

FM, 주파수 변조는 신호의 변화를 일정한 범위의 반송파 주파수 변화에 실어 보내는 통신방식이다. 미분기/적분기 등의 회로가 필요해서 회로가 다소 복잡해지지만, AM에 비해 잡음에 강한 특성을 갖고 있다.

• Fourier Series(퓨리에 시리즈)

모든 주기적 특성을 가지는 신호는 여러 주파수의 합으로 표현된다는 원리를 말한다.

• Fourier transform(퓨리에 변환)

시간축의 신호를 주파수 축의 신호로 변환해주는 방법 또는 그 공식

• FFT(고속 푸리에 변환 高速 變換, Fast Fourier transform)

이산적 데이터에 대한 푸리에 변환을 고속으로 하는 것. 데이터의 점수를 좀 더 적게 푸리에 변환으로 분해하는 데 따라서 계산 횟수를 줄인다. 즉, 함수의 근사값을 계산하는 알고리즘으로써, 푸리에변환에 근거하여 근사공식을 이용한 이산푸리에변환(discrete Fourier transform)을 계산할 때 연산횟수를 줄일 수 있도록 고안되었다.

• Frequency(주파수)

Frequency, 즉 주파수라 함은 어떤 주기운동이 1초에 몇 번 진동하느냐로 우리말로 하면 진동수라고 해석되기도 한다. 단위는 Hz(헤르쯔)로써, 전자파의 존재를 처음 증명한 과학자의 이름이다. 1초에 100만회 이상 진동하는 경우의 주파수가 Mhz, 1초에 10억 번 이상 진동하는 경우가 Ghz 단위가 된다. 보통 300Mhz부터 파장이 1M이내로 짧아지면서 특성이 많이 변하기 때문에 이 점을 기준으로 Microwave(초고주파)라고 분류한다.

• Frequency Synthesizer(주파수 합성기)

발진기 보다 한 단계 발전하여, 정해진 범위 내에서 원하는 주파수의 신호를 만들어서 내보내는 회로/장비/시스템을 말한다. 네트워크 분석기에서 소스로 사용되는 주파수원도 바로 이러한 주파수 합성기이며, 대표적인 주파수 합성기로 PLL을 들 수 있다. VCO도 전압을 조절하여 출력 주파수를 바꿀 수는 있지만, 그 동작이 제한적이고 정확도가 떨어져서 보통 주파수 합성기로 분류하지는 않는다.

• Gain(이득)

Gain이란 말 그대로 입력에 비해 출력이 얼마나 증가했느냐를 나타내는 이득이다. 주로 증폭기에서 사용되는 용어지만, Active Mixer의 경우는 증폭도 겸하기 때문에 Conversion Gain을 가지기도 한다. 매칭단까지 완성된 증폭기의 Gain은 결국 S21을 의미한다. 실제 amp관련 서적을 보면 Gain이 한 가지만 있는 게 아니라 여러 가지가 있어서 헷갈려 보이지만, Gain을 재는 위치가 조금씩 다를 뿐 근본적으로는 출력위치에서의 출력전력/입력위치에서의 입력전력을 의미한다. 즉 matching단을 사이에 두고 어느 위치와 어느 위치간의 전력비를 보느냐에 따라 Available Gain, Total Gain 등으로 분류한 것뿐이다. 안테나에서 의미하는 Gain은 다소 의미가 다른데, 전 방향으로 전자파가 방사되는 Isotropic Antenna에 비해 특정 방향으로 방사형태가 얼마나 집중되는가를 나타낸다. 즉 신호 자체가 증폭 되는 게 아니라 안테나 패턴이 얼마나 특정방향으로 집중되느냐를 나타내는 지표이다. 결국 사방으로 나갈 에너지가 한 방향으로 집중되어, 그 방향으로만 신호레벨이 더 커지는 셈이므로 일종의 이득으로 분류하는 것이다.

• Ground(접지, 그라운드, GND, Grounding)

신호의 접지란 개념은 모든 전기/전자 분야에서 등장하는 말이다. 이것은 정전기를 흡수시키는 개념의 접지가 아니라, 주로 신호의 기준점(reference)을 의미한다. DC신호건 AC건 0V를 기준으로 전압이 존재하며, RF는 기본적으로 AC신호를 다루기 때문에 +와 -의 중점을 의미하는 곳이 접지점이 된다. 이러한 접지는 각 회로, 소자, 시스템 등이 동일한 접지면을 가진다는, 기준점(reference)이 된다는 의미이다. 고주파로 갈수록 grounding의 형태에 대한 영향이 커지기 때문에 많은 주의를 요하게 된다. 접지 방법에 따라서 두 개의 선로에 +, - 신호가 교대로 평형을 이루며 인가되는 Balance (differential) 신호와 신호선과 접지선으로 Unbalanced(Single) 신호로 나눌 수도 있다. 더욱 관심 있는 사람은 기술문서 자료실에 Grounding에 대해 좋은 자료가 있으니 찾아서 읽어보기 바란다.

• Harmonic(하모닉, 고조파)

하나의 주파수성분을 가지는 신호(Fundamental)는 어떤 소자, 회로, 혹은 시스템을 통과하면서 그 배수에 해당하는 에너지원을 생성해내게 된다. 이러한 어떤 특정 주파수의 배수 주파수 성분을 일반적으로 고조파, 즉 하모닉이라 불린다. 예를 들어 1.2Ghz의 신호는 2.4, 3.6, 4.8GHz 등의 하모닉 성분을 만들어 내며, 그러한 배수성 기생주파수를 고조파라 칭하는 것이다. 이러한 하모닉들은 주로 능동회로를 지나면서 증폭된 하모닉 조합, IMD를 만들어내기 때문에 골치 아픈 문제가 된다. 수동회로라 하더라도 공진현상에 따라 하모닉 성분들이 줄줄이 배수로 나오게 된다. 예를 들어 1Ghz의 BPF는 2Ghz에서도 약한 BPF처럼 동작할 수도 있다. Frequency doubler, Mixer와 같은 회로들은 이러한 배수성 주파수 하모닉을 직접적으로 동작원리로 이용하기도 한다.

• Housing(하우징)

Housing이란 House에 어원을 둔 말로써, 금속박스 안에 제품을 밀봉하는 경우에 주로 사용되는 말이다. 근본적으로 패키징(packaging)과 같은 의미이긴 하지만 약간 다르다. 패키징은 주로 플라스틱을 이용하여 반도체/칩 소자들을 mold시키는 것을 의미하고, 하우징은 플라스틱이 아니라 금속케이스에 회로나 시스템을 넣는 것을 말한다.

• **HPF(High pass filter : 고역통과필터)**

통과대역 주파수를 가지고 특정 주파수 이상만 통과시키는 필터. 이론적으로나 실제적으로나 다른 필터에 비해 구현하기가 까다롭고, 용도도 애매해서 그리 많이 사용하지는 않는다. Duplexer처럼 두 개의 주파수 신호를 구분하고자 할 때는 LPF와 HPF를 이용하여 구분하기도 한다.

• **IFT(Inverse Fourier Transform : 퓨리에 역변환)**

주파수축의 신호를 시간 축으로 변환하는 것을 지칭함. 주파수정보를 통해 시간영역 과도응답을 알고자 할 때 사용한다.

• **Impedance Matching(임피던스 정합, 임피던스매칭)**

RF에서는 주파수가 올라갈수록 임피던스에 의한 전송특성이 크게 변하기 때문에, 모든 연결 끝단은 반드시 임피던스가 동일하게 맞아떨어져야 좋다. 그렇지만 실제로 설계를 하다보면 각 끝단은 특성임피던스인 50옴으로 떨어지지 않을 때가 많기 때문에 임피던스를 정합(matching)시켜야 하게 된다. 보통 임피던스 매칭에는 스미스 차트에 S11, S22 점을 찍어서 그 점을 특성임피던스 50옴이 되는 중앙 점으로 보내기 위해 어떤 회로소자가 추가되는지를 알아내게 된다. 임피던스 매칭은 일견 단순하지만, 실제로는 경험에 많이 의존하기 때문에 많이 해보아야 한다.

• **Inductance(인덕턴스, L)**

회로를 흐르고 있는 전류의 변화에 의해 전자기유도로 생기는 역(逆) 기전력의 비율을 나타내는 양. 단위는 H(헨리)이다. 이러한 인덕턴스 값을 간단히 L 이라 지칭하며, RF에선 nH단위가 주로 사용된다. 인덕턴스 값이 높을수록 고주파 신호는 통과하기 힘들지만, 주파수가 없는 DC는 자유자재로 흐를 수 있다.

• **Inductor(인덕터)**

고의적으로 정해진 인덕턴스를 유발할 수 있도록 만들어진 소자. 인덕턴스는 선로길이와 상호 유도 작용에 비례하기 때문에, 좁은 공간 안에 선로를 최대한 잘 꼬아놓는 식으로 만들어진다.

- **Isolation(아이솔레이션, 격리)**

Isolation은 일반적으로 두 신호를 격리하려 할 때 사용되는 개념이다(원래 한글로 뜻도 격리라고 해석된다). 예를 들어 duplexr의 경우, 한 소자에 송신단 주파수와 수신단 주파수 신호가 동시에 움직이고 있기 때문에 두 신호를 최대한 격리 또는 분리해줄 필요가 있다. 이런 식으로 여러 신호가 한 시스템, 회로를 동시에 이용할 때 각 신호끼리 분리해주는 정도를 보통 isolation이라고 많이 부른다. isolation라는 용어를 쓰는 사례는 매우 많으며, 어쨌든 사용하는 경우에 따라 신호의 분리도, 즉 서로 얼마나 간섭을 덜 일으키느냐를 나타내는 척도로 이해하면 된다. hybrid coupler의 경우 한 포트는 전혀 전력이 가지 않도록 설계하게 되는데, 이런 경우 그러한 포트를 isolation port라고도 부른다. 그러나 실제로는 어느 정도 이하의 작은 전력이라도 유출되게 되는데, 보통 저항을 달아서 소모시킴으로써 불필요한 반사를 막게 된다. 이렇게 특정 위치로 신호가 전혀 안 가도록 만든 경우, 그 위치가 고립되었다고도 한다.

- **jitter(지터)**

jitter란 말은 우리말로 불안해서 떨리는 상태를 말한다. Jitter는 전자공학분야에서 매우 널리 사용되는 말로써, 시간축에서 신호파형이 떨리는 현상을 지칭한다. 즉 원래 나와야 할 신호에서 조금 밀려서 신호가 나타나는, 일종의 왜곡현상을 나타내는 말이다. 디지털 회로에서 펄스 클럭의 밀림을 표현할 때 많이 사용하며, RF에서는 발진기의 시간축 파형 떨림을 표현할 때 많이 사용된다. 즉 시간축에서 jitter현상은 결국 주파수축에서 phase noise로 표현된다. 시간축의 파형이 떨리면 주파수축에서는 일정한 주파수에서만 샤프하게 에너지가 나타나는 게 아니라, 샤프함이 깨지고 그 주변으로 에너지가 분산되듯이 보이기 때문이다.

- **Laser Repeater(레이저 중계기)**

기지국과 중계기간의 신호전송을 레이저를 이용하여 하는 방식. LOS가 요구되는 등 여러모로 MW중계기와 방식이나 용도가 비슷하지만, RF 주파수를 사용하는 것이 아니기 때문에 주파수 사용허가가 필요하지 않다는 장점이 있다. 하지만 MW중계기보다 더 정확한 LOS 직선 조건이 필요하고, 레이저가 빛의 일종인 이상 기후와 주변 환경의 영향을 많이 받기 때문에 상대적으로 많이 사용되지는 않는다.

• **Linearity(선형성)**

선형성이란 개념은 특히 디지털 통신에서 중요한 개념이며, IMD, IP3과 같은 파라미터로 형상화된다. 시스템의 선형성에 대한 수식적 개념은 입력신호와 출력신호의 비가 선형적으로, 즉 1차방정식 y=ax+b로 구현이 가능하다는 의미이다. 시스템이 선형적이 되면 결과에 대한 예측이 쉽고, 조절 또한 쉬워서 다루기가 쉬워진다. 하지만 RF 시스템에서는 능동소자를 사용한 비선형 회로가 빠질 수가 없기 때문에, 실제로 선형적으로 동작할 수가 없다.

• **load(부하, 로드)**

RF가 아니라도 전기, 전자 회로 시스템 전반에 걸쳐 사용되는 중요한 개념으로서, 어떤 특정 점이나 부위에 걸리는 전압/전류/전력을 의미한다. RF에서는 부하배분을 임피던스를 이용하여 계산하며, 실제로 회로란 것은 적절한 부하배분을 통해 특정한 기능을 수행하는 부하들의 모임으로 보기도 한다. 부하는 적절한 위치에 적절히 걸려야 하며, 과다부하(overload)가 걸려서 회로나 시스템이 오동작하지 않도록 하여야 한다. 실제로 설계할 때 부하라는 개념을 직접 적용하여 쓰진 않지만 개념적으로 부하의 의미를 알아둘 필요는 있다.

• **Local Oscillator(LO : 국부 발진기)**

높은 주파수의 반송파(carrier)를 IF 혹은 기저대역(baseband) 주파수로 낮추기 위해 사용되는 발진기. 즉 Mixer의 LO 주파수 입력을 위한 발진기로서, 보통 특정 주파수로 정해져 있다. 이렇듯 주파수를 올리거나 낮출 때 RF 해당주파수에 해당하는 주파수를 만들어주는 것이 LO인데, 여러 주파수로 변환하고자 할 때는 LO자체가 한 주파수만 만들어내면 안 된다. 그래서 VCO와 같이 출력 주파수를 변화시킬 수 있어야 하는데, 이동통신에서는 주로 PLL을 LO로 사용한다. LO에서 여러 주파수 성분을 정교하게 만들어내는 역할을 할 때, 그것을 Frequency Synthesizer(주파수 합성기)라고 부르기도 하는데 그 대표적인 것이 PLL이다. 결론적으로 LO는 주파수 상향, 하향 변환을 하기 위한 기준 주파수원을 지칭하는 말로서, 특정 회로를 지칭하는 말은 아니다. 통신시스템 특성에 따라 LO용으로 그냥 단일주파수의 Oscillator를 쓸 수도 있고 VCO를 쓸 수도 있지만 PLL을 쓰는 것이 성능이 가장 좋다.

- **LPF(Loq pass filter : 저역통과필터)**

저지대역 주파수를 가지고 특정 주파수 이하만 통과시키는 필터. 고주파 잡음 제거용으로 많이 사용되며, 단순한 필터 이외에도 다양한 역할을 수행할 수 있다.

- **Mixer(혼합기, 믹서)**

FET의 비선형성을 이용하여 두 주파수의 혼합 변조된 신호를 추출해내는 회로이다. 즉, 두 개의 주파수 F1과 F2를 섞으면 F1+F2, F1−F2 등의 3차 하모닉 성분들이 발생하는데, 여기서 주로 두 주파수의 차를 출력해낸다. Diode를 이용하여 구성한 능동 mixer와 FET를 이용한 수동 mixer로 나눠지는데, 능동은 구성이 간단하나 conversion loss가 있고, 수동은 구성이 복잡하지만 conversion gain을 가지게 된다. 반송파(Carrier)에 신호를 변조시켜 보내는 시스템에서 IF(중간주파수) 혹은 baseband 주파수대역 신호를 추출해내기 위해 주로 사용되며, 결과적으로 주파수 up/down converter로서 애용된다.

- **mode(모드)**

어떤 구조물에서 특정주파수의 에너지가 모이는 형태를 의미한다. 모드에 대한 자세한 설명은 아래를 보기 바란다.

- **Modulation(변조)**

신호를 전송하기 위해 정보를 담은 아날로그 사인파형 또는 디지털 펄스를 그 전압/전류/주파수/위상 등을 변화하는 과정을 변조(Modulation)이라고 한다. 결국 변조란, 신호의 위상/전압 과 같은 기본특성을 변화시키는 모든 과정을 말하며, 그 종류는 매우 다양하다. 변조를 하는 목적은 주로 전송성능 강화, 암호화, 채널화, 주파수 상향변환을 위한 것이다. 신호특성 관점에서 변조는 크게 3가지 정도로 정리되는데,

1. 진폭변조(Amplitude Modulation)
2. 주파수변조(Frequency Modulation)
3. 위상변조(Phase Modulation)

와 같다. 디지털 변조의 경우에는 상황에 따라 암호화(coding)라는 용어로 대치되기도 한다.

• **Module(모듈)**

Module이란 의미는 어떤 시스템이나 그 아래 단계의 서브시스템에 장착 가능한 한 부분을 의미한다. 실제 Module은 범주가 애매한 면이 있는 단어이지만, 보통 입출력단이 그 시스템에 즉시 연결하여 사용할 수 있도록 기준포맷(예 : 50옴 SMA 타입)과 housing이 완벽히 되어 있는 경우를 말하는 경우가 많다.

• **Narrowband(협대역)**

광대역(Broadband, Wideband)의 반대되는 개념으로써 사용하는 또는 동작하는 주파수 폭이 작다는 의미이다. 이 역시 매우 상대적인 개념으로서, 보통 중심주파수에 비해 대역폭이 수% 수준인 경우 협대역이라고 많이 칭한다. 경우에 따라선 아래와 같이 정해주기도 하지만, 권고안 일 뿐 국제적인 구분기준이 있는 것은 아니므로 참고만 바란다.

• **Negative Feedback(부궤환, 부귀환)**

앰프 종류의 설계에서, 안정도 및 대역특성을 증가시키기 위해 출력의 일부를 입력으로 되돌려 보냈을 때 gain이 떨어지는 feedback 방식. Negative feedback을 걸면

* 안정도 향상
* distortion 감소에 따른 선형성 상승
* 외부 잡음에 대한 영향이 적어짐
* 이득감도를 줄여서 온도변화 등에 조금 덜 민감하게 됨
* 입출력 임피던스에 영향을 주어 조절이 가능
* 증폭기의 대역폭을 증가시킴
* 내부의 NF는 대체로 올라감
* gain이 떨어짐, negative feedback은 많은 장점을 갖고 있어서 RF amp 설계는 물론 모든 amp설계에서 널리 사용된다.

• **Noise(노이즈, 잡음)**

잡음은 말 그대로 원하지 않는 에너지성분들을 의미한다. 즉 방해되는 모든 신호성분을 잡음으로 분류할 수 있다. 잡음은 크게 인위적인 잡음과 자연적(natural) 잡음으로 나눌 수 있다. 자연적 잡음의 대표적인 사례는 역시 열잡음으로써, 비선형소자의 열잡음은 시스템 성능에 지대한 영향을 미친다.

- **Offset(오프셋)**

offset은 어떤 특정한 값에서 약간 차이가 나는 값 또는 그 차이자체를 의미한다. 예를 들어 주파수가 1.84Ghz가 기준인데, 1.89Ghz의 주파수를 사용하게 된다면 그냥 별 의미 없이 offset이 0.05Ghz이다. 라고 말할 수 있다. 다시 말해 Frequency Offset이라는 용어가 있다면 기준주파수와 모종의 차이가 발생한다는 의미가 된다.

- **Open(오픈, 개방)**

회로적으로 Open이란, 임피던스가 무한대가 되어버린 지점을 의미한다. 임피던스 무한대의 점이란 더 이상 전류가 흐를 수 없는 지점이므로, 한마디로 선로가 완전히 끊어진 것과 같은 의미가 된다. 이것의 연장선상에서 RF적으로 open의 의미 역시 더 이상 RF신호가 흐를 수 없게 되는, 전반사 되어버리는 부분을 의미한다. 그러나 RF 에서의 open은 결코 선로가 끊어진 것만을 의미하지 않고, 파장관계상 교류 RF 신호를 반사시키고 통과시키지 않는 경우가 더 많다.

- **Oscillator(발진기, OSC)**

RF 회로에서 필수적인 회로의 하나로서, 특정주파수의 sin파 신호를 생성해내는 회로이다. 어떤 통신 시스템이건 크리스탈이나 발진기를 통해 주파수원을 만들어야만 신호를 싣고 내릴 수 있다. 다르게 표현하면 발진기는 DC 에너지를 AC로 변환해주는 역할을 한다. FET에 DC 전력을 인가하면 자체 루프를 통해, 하나의 출력에 한 주파수 성분의 AC 신호를 출력한다. 특성상 AMP와 비슷해 보이지만, 설계과정에서 Stability조건과 matching의 차이에 의해 AMP가 되느냐 Oscillator가 되느냐가 구분되기도 한다. 결과 자체도 AMP나 Oscillator나 비슷하게 보일 수 있는데, AMP와는 달리 입력포트 없이 출력포트만으로 좁은 대역내에서의 주파수신호가 검출된다는 것이 다르다.

- **PA(Power Amplifier, 파워앰프, 전력증폭기)**

RF 증폭기의 꽃이라고 하는 전력증폭기는 만들기는 가장 힘들지만 가격은 가장 비싼 편에 속하는 부품이다. amp의 용도를 결정하는 3가지 기준 중 하나인 잡음, 이득, 전력 중에서 전력에 집중하여 만드는 증폭기이다. 전력은 최종단에서 몇 최대 dBm의 출력 신호가 만들어질 수 있느냐에 대한 문제로서, 최대전력을 내기 위해 Tr을 병렬로 묶어서 전력을 높이는 구조를 많이 사용하게 된다. 최대전력은 보통 P1dB(1dB Gain Compression Point)점을 통해 알아내며, 높은 전력을 내려 할 때는 이득(gain)까지 높게 하기 힘들다. 그래서 전력증폭기(PA) 전단에는 이득을 보상해줄 수 있는 구동증폭기(DA)가 필요한 경우가 많다.

• Passive Circuit(수동회로)

외부DC전원이 필요하지 않은(즉, 능동소자가 들어있지 않은) 모든 회로는 수동회로로 분류된다. 능동회로와 달리 외부신호 변화에 대해 정해진 범위내의 동작을 한다. 수동회로에는 Filter, Coupler, Antenna 등이 있다.

• Passive Device(수동소자)

보통 R, L, C와 같은 단위소자 component를 일컫지만, 일반적인 filter, coupler 등의 회로들도 수동소자라고 부르기도 한다. 능동소자를 사용하지 않고 만들어진 소자/부품/회로를 통칭해서 수동소자라고 많이 부르게 된다.

• Passive Mixer(수동 혼합기)

별도의 전원입력이 필요 없는 Diode를 이용하여 만들어지는 전통적인 Mixer를 Passive Mixer라고 부른다. 입력전력에 비해 출력전력이 낮을 수밖에 없는, 다시 말해서 내부에서 증폭작용이 없기 때문에 주파수변환에 따른 conversion loss를 가지게 된다.

• Permeability(투자율)

어떤 물질에서 자기장의 힘(H)과 자속밀도(B)의 비를 의미하는 계수. 문자로는 μ(뮤)를 사용한다. $B=\mu\times H$ 쉽게 설명하면, 자력의 흐름=자속(Magnetic Flux)이 얼마나 잘 통과하느냐를 의미하는 계수이다. 그러므로 투자율(μ)이 높을수록 들어오는 자속이 더욱 잘 통과되게 된다. 그래서 외부에서 자력이 들어오면 투자율이 높을수록 자화가 잘된다. 자속은 결국 전기력의 전류와 같은 의미로, 자성체로서의 동작정도를 의미한다고 보면 된다. RF에서는 자성체를 쓰는 경우가 그리 많지 않지만 페라이트를 응용하는 경우에는 투자율 문제를 따져봐야 한다. 실제로 투자율은 비투자율(Specific Permeability)의 개념으로 주로 이용된다.

• Permittivity(유전율)

유전체(Dielectric Material), 즉 부도체의 전기적인 특성을 나타내는 특성값. 문자로는 ε(엡실론)을 사용한다. 수식적으로는 전계 밀도 (D)=유전율(ε)×전계 강도(E)와 같이 표현되며, 즉 전계강도의 밀도와 관련된 항이다. 실제로 의미하는 바는 교류 신호에 대한 물질의 반응특성을 의미하며, 유전율이 높을수록 내부에서 전자기파의 파장이 짧아지게 된다. 그런데 실제로 유전율값을 그대로 쓰지는 않고, 어떤 값으로 지정할 때는 비유전율(Relative Permittivity)값을 지칭하는 경우가 많다.

• Phase(위상)

주기적으로 진행하는 sine파에서, 한주기 상에서의 파형의 위치를 의미한다. sine파의 한 주기는 360도이며, radian 값으로 표현하면 2π가 된다. 즉 sine파 한 파장이 360도인데, 이러한 점이 올라가고 내려가는 파형상의 특정 위치의 각도값을 phase, 위상이라고 부르는 것이다. RF에서 phase란 개념이 중요하게 나오는 이유는 무엇보다도 고주파의 파장이 짧기 때문이다. 파장이 짧기 때문에 신호들이 이러한 위상들이 잘 동기되지 않은 채 합쳐진다면 위상차로 인해 결과가 이상하게 나오기 마련이다.

• Refraction(굴절)

전자기파가 물리적 성분이 다른 재질에 입사했을 때 그 재질차이에 의해 진행방향이 옆으로 변화하는 것을 의미한다. 아마 초등학교시절 수저를 물에 담기었을 때 휘어 보이는 실험을 많이 했을 텐데, 바로 그것과 같다. 이 성질을 이용하면 재질차이를 이용하여 전반사를 유도해낼 수 있는데, 이것을 이용해 만든 것이 바로 Optical fiber(광섬유)이다. 전자기파의 입사각이 일정 각 이상으로 비스듬히 눕기 시작하면 굴절각이 수평각을 넘어서게 되어 결국 다른 매질로 전자기파가 입사하지 못하고 완전반사(total reflection)하게 된다. 결국 일종의 waveguide처럼 동작하여 신호를 선로 끝까지 안전하게 보낼 수 있게 된다. 페라이트 전파흡수체면에 전자기파를 입사하면 내부적으로 전반사를 이루며 에너지를 소멸시키는 것도 비슷한 원리이다.

• Resolution(해상도, 분해능)

Resolution은 RF가 아니라도 여러 분야에서 광범위하게 사용되는 말이다. 모니터 화면의 해상도 변경에서부터, 이미지 프로세싱 및 레이더영상의 해상도, 계측기 화면의 해상도 등의 다양한 분야에서 해상도라는 말로 해상도를 사용한다. 계측기의 해상도 같은 경우는 측정대역에서 몇 개의 주파수 지점에서 측정이 되는지에 대한 것을 의미하는 경우도 있다. 신호의 해상도라고 칭하는 경우는 신호자체의 품질을 논하는 경우도 있고, 신호와 신호의 구분의 정도를 의미하는 경우도 있다. 특히 CDMA등의 복합적 디지털 신호 도메인에서 여러 신호를 구분해내기 위한 경우 해상도라는 용어를 사용하기도 한다.

• **Resonance(공진)**

공진이란 특정 주파수에 에너지가 모이는 현상을 말한다. 주원인은 두 개의 주기적 에너지의 주파수가 일치하여 서로 강력히 에너지를 교환하는 것으로 증명된다. 주변에서 볼 수 있는 쉬운 예로는, 농구공을 바닥에 살살 튀기면서 손을 내리다 보면 어느 순간 농구공이 심하게 튀기는 현상이 일어난다. 어떤 떨림과 같은 주기적 운동의 운동파장이 구조의 길이 성분과 매치되는 부분이 생기면 이러한 현상이 발생하는 것이다. 공진이 되는 이유는 전기적 공진과 구조적 공진으로 나눌 수 있는데, 전기적 공진은 L과 C의 서로 상반된 허수텀의 에너지 교환을 통해 이루어지며, 구조적 공진은 그 주파수의 파장에 비례하여 그 반파장 혹은 1/4파장의 배수가 될 때 공진이 발생한다.

• **resonator(공진기, 레조네이터)**

공진(resonance)을 발생하는 회로 또는 구조물. 전기적으로는 L과 C로 구성된 회로를 많이 사용하며, 구조적으로는 유전체 공진기나 cavity와 같은 것들을 많이 사용한다.

• **RF(Radio Frequency : 방사 혹은 무선주파수)**

RF란 주기성을 가지는 신호 중 주파수가 높아지면서 외부로 방출되는 주파수 대역을 의미한다. 실제로 공학에서 RF라는 것은 고주파 무선통신 및 고주파를 이용하는 장비설계, 연구 공학분야 일체를 통칭한다.

• **Ripple(리플, 요동)**

Ripple은 말 그대로 파도, 요동의 의미를 갖는 그냥 영어단어이다. RF에서 ripple이란 말은 주로 filter의 경우에 많이 나오게 되는데, 대역폭 제한특성(Skirt)을 좋게 하면 ripple 특성이 나타나기 때문이다. 쉽게 설명한다면, 통과하고자 하는 주파수대역과 막고자 하는 주파수대역의 경계선을 명확하게 구분하게 filter를 설계하면, 통과대역의 S21이 평평하지 않고 파도처럼 움직이는 ripple 현상이 나타난다. ripple 값은 보통 통과대역에서 변동이 발생한 최대최저점간의 차이를 dB로 나타낸다.

- **Schmitt Trigger(슈미트 트리거, 구형파 발생기)**

구형파를 발생하는 것을 구형파 발생기라고 하며 대표적인 것으로 슈미트 트리거 회로를 이용한 것이 있다. 입력 전압을 상승 시켰을 때의 판정 기준 전압과 입력 전압을 저하시켰을 때 판정 기준 전압이 일치하지 않는 특성을 일반적으로 히스테리시스 특성이라고 하는데 이와 같은 히스테리시스 특성을 갖는 회로를 총칭하여 슈미트 트리거 회로(Schmitt trigger)라고 한다.

- **Series(시리즈, 직렬)**

Series란 진행 중인 선로 상에서 그대로 연결하여, 즉 직렬로 소자를 달아서 설치하는 것을 지칭한다. 굳이 소자가 아니더라도 회로나 시스템이 연결되어 있는 것을 지칭하기도 한다.

- **Shunt(션트, 병렬)**

Shunt란 진행 중인 선로 상에서 옆으로, 즉 GND와 병렬로 소자를 달아서 설치하는 것을 지칭한다. stub의 경우에는 open stub이 있기 때문에 꼭 shunt가 수직 접지를 의미하는 것은 아니지만, 여기서 shunt는 진행방향에 수직으로 옆으로 달렸다는 의미이다.

- **SMPS(Switching Mode Power Supply)**

전자계산기, 전자 교환기 및 OA 기기 등 전자·통신 기기의 직류 안정화 전원으로서 폭넓게 이용되고 있는 스위치 모드파워 서플라이(Switched Mode Power Supply : SMPS)는 반도체 소자의 스위칭 프로세서를 이용하여 전력의 흐름을 제어함으로써 종래의 안정화 전원에 비하여 고효율, 소형 및 경량에 큰 장점을 갖는 안정화 전원이라고 할 수 있다.

- **SNR(Signal to Noise Ratio : 신호대 잡음비)**

어떤 회로, 시스템에서의 신호대잡음비 즉, 수식은 신호전력/잡음전력의 간단한 수식이다. RF에서는 잡음이 가득한 공간을 통해 신호가 송수신되기 때문에 잡음에 대한 해결책이 강력이 요구되는데, 시스템에서 그러한 잡음의 영향이나 수준을 알아보기 위한 지표로서 SNR이 많이 사용된다.

• **Spectrum(스펙트럼 : 분광)**

주파수축으로 나타내어진 신호의 분포 그 자체를 영어로 스펙트럼이라고 한다. 한글로 하면 분광이라고 표현하는데, 프리즘을 통해 색이 빨주노초파남보로 분리되어 보이는 그런 것을 의미한다(결국 여러 주파수의신호로 분리한 것을 의미한다). 빛도 높은 주파수의 전자기파이므로 microwave 대역에서의 주파수별 분포 역시 스펙트럼이라는 용어를 사용하게 된다.

• **Standing Wave(정재파)**

어떤 파동이 특성이 다른 매질의 경계면을 만났을 때, 그 경계면에서 반사되어온 파동과 합쳐져서 발생하는 정지된 파동. 진행하는 파동(traveling wave)은 특정 점에서 봤을 때, 그 크기가 사인파형의 높낮이가 변하듯이 위 아래로 (즉 +, −)방향으로 계속 움직여야 정상이다.

• **Sweep(스윕)**

즉 특정 파라미터를 변화시키면서 결과를 본다는 의미이다. RF에서 일반적으로 sweep을 시킨다면 보통 주파수 혹은 DC값을 지칭하는 경우가 많다. 네트워크 분석기에 붙어있는 frequency synthesizer는 저주파에서 고주파까지 주파수를 sweep시켜주는 장치이다.

• **Thermistor(Thermal Sensitive Resistor : 써미스터)**

Thermistor는 thermally sensitive resistor의 합성어로서, 온도 변화에 대해서 저항값이 민감하게 변하는 저항기를 말한다. 자기(ceramic) 재료에 코발트, 구리, 망간, 니켈, 티탄 등의 불순물을 첨가하여 만든다. Thermistor는 온도에 의해 저항이 변하는 양상에 따라 아래의 3가지로 나뉜다.

- NTC(negative temperature coefficient thermistor) : 온도가 높아지면 저항값이 감소
- PTC(positive temperature coefficient thermistor) : 온도가 높아지면 저항값이 증가
- CTR(critical temperature resistor) : 특정 온도에서 저항값이 급격히 변화

• **Thermocouple(열전대)**

두 물질을 한 점에서 붙였을 때, 그 점에 열이 가해지면 두 물질의 특성에 따른 온도차에 비례하는 전압이 발생하는 현상. 이것은 공업적으로 온도를 재는 보편적인 방법이며, RF 반도체 공정을 비롯한 여러 분야의 온도측정용으로 많이 이용된다.

• **Transistor(Tr, 트랜지스터)**

대표적인 반도체소자인 Transistor는 Transfer Signal Through a Varistor의 준말이다. 약자로 Tr이라고 주로 말하는데, 기본적으로 신호의 증폭작용과 스위칭 작용이 있어서 능동전자회로 분야 전반에 걸쳐 매우 광범위하게 응용되고 있는 비선형소자이다. 동작원리에 따라 EBC(Emitter/Base/Collector)구조의 BJT와 GSD(Gate/Source/Drain)구조의 FET 계열로 나뉘며, MOSFET, MESFET, HBPT, HEMT 등 다양한 종류의 Tr소자들이 RF에 응용되고 있다.

• **Transmission Line(전송선로)**

두 개의 선로를 통해 TEM 모드를 기본으로 교류에너지를 보내는 선로. 전송선로에는 Microstrip, Strip line, Coaxial line 등 다양한 형태가 존재한다.

• **Trigger(트리거)**

비정현파와 그 밖의 특수 파형의 발진기에 가하여 그 발진기 특유의 파형을 발생시키는데 필요한 기동 신호

• **Tuning(튜닝)**

Tuning이란 말은 공학 전(全)분야에 걸쳐 애용되는 말이다. 그냥 tune(조정하다)라는 동사의 현재진행형 명사일 뿐이지만, 실제로 매우 많이 사용되는 용어라 전문용어의 하나로 분류할 수도 있다.

• **Waveguide(도파관, WG)**

사각형 또는 원형 금속관 내에 고주파신호를 가두고 전송하는 전송로로서, TEM 모드를 사용하는 전송선로(Transmission line)와 전송방식이 다르다. 주로 고출력 또는 mm wave 신호 전송에 많이 사용되며, 공차문제로 가공이 까다로워서 가격이 비싼 편이다.

• **Wavelength(파장)**

빛의 속도 300,000,000m/s를 주파수로 나눈 값 또는(전자기파를 포함한) 파동에너지의 한 주기 sine 파형의 물리적 길이. 즉 한 주기 파형의 실제적인 진행 길이를 의미한다. 원래 1hz가 1초에 빛의 속도만큼의 거리(300,000,000m)를 이동하며, 주파수가 높아질수록 파장은 점점 짧아진다.

• **Wideband(광대역)**

Broadband와 뜻이 같은 그냥 광대역이라는 뜻의 영어이지만, RF 아날로그 설계보다는 전반적인 통신시스템 상에서 통신 시스템 대역폭의 크기를 논할 때 사용하는 경향이 있다. 즉 무선공학에서 주로 광대역을 Wideband라고 부른다.

• **Yield(수율)**

우리말로 yield하면 양보라는 뜻을 떠올리게 되는데, 공업계에서 yield라는 말은 수율을 의미한다. 즉 제품을 생산할 때 제대로 동작하는 제품을 얼마나 뽑아낼 수 있느냐를 의미하며, 주로 %로 많이 나타내게 된다. 뒤집어 말하면 불량률을 나타내는 지표가 된다. yield를 높이기 위해서는 안정된 설계도 중요하지만 생산라인의 품질에 크게 의존하게 되며, 이것은 특히 반도체 생산에서 매우 중요한 의미를 가지고 있다.

memo

9kHz to 3GHz Bandwidth
Noise Level : -148dBm
주파수 분해능(RBW): 10Hz
Pre-amplifier 기본 장착
Battery 장착 (Option)
RIGOL
Beyond Measure
New Spectrum Analyzer
DSA1000 Series
DSA 1020A : 9kHz to 2GHz
DSA 1030A : 9kHz to 3GHz
Internal flash Disk : 2Gbyte
VGA,USB device/Host,LAN
8.5 inch TFT LCD display
Digital Oscilloscope
DS1000B : 4Ch DSO
Arbitrary FG
Digital Multimeter
PC based Scope
DS1000CA/E/D
2Ch Arbitrary FG
Programmable P/S
PC based AFG
TESTLINK
(주)테스트링크
서울시 구로구 구로3동 212-16 벽산디지털밸리1차 309호
TEL : 02-2107-8677
FAX : 02-2107-8681
http : //www.testlink.co.kr

저자 약력

김일진(工學博士)

- 대덕대학교 군사학부 해양기술과 교수(학과장)(現)
- 한국산업기술평가관리원 평가위원(現)
- PC활용능력평가시험 출제위원(現)
- 한국센서학회 정회원(現)
- 한국기계연구원 선임연구원(前)

한상도(理學博士/電子技術士)

- 한국에너지기술연구원 변환저장소재연구센터 책임연구원(現)
- 한국센서학회 회장(前)
- 충남대학교 대학원 겸임교수(前)
- 한국수소 및 신에너지학회 편집위원(前)
- 한국과학기술단체 총연합회 이사(前)

박기배(工學博士)

- 한국센서학회 정회원(現)
- 한국에너지기술연구원 기술지원실 선임연구원(現)

전자통신 계측실무

2011년 3월 3일 초판 1쇄 발행

저　자 • 김일진 · 한상도 · 박기배
발행자 • 최 봉 조
발행처 • 진샘미디어
주　소 • 서울시 은평구 역촌동 58-9
부호아파트 102동 상가 5호
전　화 • 02)353-4421 / FAX 02)353-4431
Home-page • www.jinsaem.co.kr

신고번호 • 제311-2005-000025호
ISBN 978-89-92887-28-1

정가 12,000원